冒险

开启不一样的人生

All men's gains are the fruit
of venturing

苏意茹 著

希望种子企划室 策划

长江出版传媒 ｜ 长江少年儿童出版社

图书在版编目（CIP）数据

心灵种子系列．冒险／苏意茹著．—武汉：长江少年
儿童出版社，2014.6
ISBN 978 - 7 - 5560 - 0754 - 7

Ⅰ．①心… Ⅱ．①苏… Ⅲ．①青少年教育 – 品德教育
Ⅳ．①D432.62

中国版本图书馆 CIP 数据核字（2014）第 115324 号

心灵种子系列
冒险

原　　著	苏意茹
项目策划	蔡贤斌
责任编辑	凌　晨
美术设计	贾　嘉
出 品 人	李　兵
出版发行	长江少年儿童出版社
电子邮件	hbcp@ vip. sina. com
经　　销	新华书店湖北发行所
承 印 厂	永清县晔胜亚胶印有限公司
规　　格	880 ×1230
开本印张	32 开　7 印张
版　　次	2014 年 10 月第 1 版　2017 年 2 月第 2 次印刷
印　　数	1 –10000
书　　号	ISBN 978 –7 –5560 –0754 –7
定　　价	23.00 元
业务电话	(027) 87679179　87679199
网　　址	http://www. hbcp. com. cn

[出版缘起]

十根火柴，一线光亮

何飞鹏

20 年来，我接触过无数的年轻人，也与无数的年轻人一同工作过，他们有梦、有想法；他们天真、淳朴，也浪漫；他们期待富有，希望成为焦点，也渴望成功。

我有两个年轻的女儿，20 岁与 14 岁，她们对未来充满幻想，急着表达自己的意见，也有着许多在大人看起来不切实际的执着（也许是我们现实而世故）。

不论是我的工作伙伴还是我的女儿，在我眼中，他们都有相似之处，浪漫、天真，对未来充满幻想是他们的共同之处。而我与他们也常有争论（或许觉得我在教训他们），我常想把我 30 年来的经验，让他们知道，但经常找不到共同的沟通频道。

直到有一次，我接受电台访问，深刻地谈到一些我对工作的看法与曾经经历的惨痛故事，我只是述说我自己，我只谈我相信的事。其后，我大女儿极其幽怨地告诉我："爸爸，我躲在床上听完您的访谈，为什么我是你女儿，我仍要在广播中才能听到这些话？"

我无言以对，我不能告诉她，我曾尝试过，但我们无法心平气和地沟通。从那时起，我觉得易子而教或许是对的。也是从那时起，我下定决心要出一套书，尝试让年轻人看得下去，有所收获。

我们组成了一个工作小组，找寻十个永恒不变的工作原则，并尝试把这些略为八股的想法，转换成符合现代的词语，并且用现代的故事、人生体验作为注解，希望这十本书能成为十个工作锦囊，在他们挫折时、彷徨时、犹豫时，或在困难中、在孤独无靠中，能有所帮助。

我们不敢讲这些书会帮助大家立即开启成功之门，我们只希望每一本书像擦燃一根火柴，伴你在黑暗中渡过困难，启发灵感，重燃希望！

这一定不是冒险

苏意茹

已经忘记当初为什么会挑选"冒险"这个题目来写书了。我只记得，后来在一个广播节目的访问中，提到这也许是今年的三个愿望之一。

可是，当初到底想为什么事情而冒险，却怎么也记不起来。

更不可思议的是，直到修改一校稿，都还不觉得有什么需要冒险的事情出现。这对号称"命运作家"的我来说，的确是一件很诡异的事。

难道，在没有任何跟"冒险"有关的情境下写完这本书，也算是一项冒险吗？

我想，还有一个原因，可能是我总觉得，这应该还不够冒险吧！

"这样够冒险吗？不不不，一点也不，应该还要再找点别的。"我在写作这本书的同时，不断地跟自己这样对话着。是不是很像跑进游乐园的小孩跟别人打赌，一定要玩一项最刺激的游乐器具呢？

没办法，一定是我的神经已经准备好，非常亢奋了。所以，什么事情都无法让我觉得够刺激，足以叫作"冒险"。

比方说在这期间，我动了一次牙科手术，开刀的时间很长，过程很痛，而且从开刀前一个月我就开始紧张，开完刀后一个月还不能随意吃东西、说话，那种痛苦的感觉，至今还是深刻难忘的。

可是，我以为这件事情不叫作"冒险"，只因为我已经习惯了。这是从大学到现在，长期治疗的一部分，每隔几个月，便要接受不同的治疗，几年下来，不习惯也没办法呀。

当然，也有可能我用点小聪明，逃避了应该冒险的事情也说不定。

但是，不不不，如果不是我很想做的事情，那么，为什么要去冒险呢？

比方说，最近报章杂志上热烈讨论的"摇头丸"，据说吃了这种药，所有的讯息都会因放大而美好。

可是，我一点也不喜欢用药物麻痹自己的神经。况且，沉静地写作多年，心思很自然地对许多感觉都倍加敏感起来，实在不需要摇头丸，就可以随时发现生活中的一切美好。

当然，每写一本书一定会有新的学习。而新的学习来自于最大的恐惧。我对于"冒险"的恐惧是：这会不会很笨，很莽撞？

可是，在收集故事的同时，我才深刻地发现，所谓的"冒险"，其实是一种聪明的勇气。

试问：你被这本书感动了吗？

你问我吗？我呀，我想用更聪明的方法和更大的勇气，更喜悦和感恩的心情去冒险。那你呢？

[作者简介]

苏意茹

1972 年生，天蝎座，O 型血，个性真诚直率，容易受感动，在理性的人群中被认为偏向感性，在感性的人群中却又偏向理性，喜欢尝试人生中各种不同的味道，具有无法被规格化的生物本性。曾就读于台湾大学护理系、台湾大学艺术史研究所，从事过儿童书籍写作、杂志采访编辑、公关顾问等工作，目前专事写作。

曾著有《不做好人最快乐》《做自己最潇洒》《寻找生命中的第二个生日》《回家》《我，一个人住》和《乐观》等书。

CONTENTS
目录

CHAPTER 3

从危机中逆转再出发的冒险精神

CONTENTS

CHAPTER 5

冒险者的智慧

CHAPTER 1
冒险家的故事

真正的冒险家只冒有贡献的险

> 台风天里，面对着惊涛骇浪，在海边钓鱼，甚至出外购物，上山采收农作物的，还大有人在。就连在平静的餐厅，都有人竞相拼斗酒量，仿佛这是一座充满冒险热情的岛屿。

许多初次来台湾的外国朋友都这么说："台湾人的冒险精神真是惊人！"可惜，在接下来的聊天中，便知道这并不是什么赞美的话。

试着回想看看：马路上充斥着"英勇"的机车骑士，冲锋陷阵，穿梭在危险的车阵当中；台风天里，面对着惊涛骇浪，在海边钓鱼，甚至出外购物，上山采收农作物的，还大有人在。就连在平静的餐厅，都有人竞相斗酒量，仿佛这是一座充满冒险热情的岛屿。

可是，我们可曾从上述这些冒着生命危险的人当中，得到过任何正面的启示吗？

我反而常常因为看到这样的日常生活事例，而感到非常疲惫，因为这些人花费太多气力，在原本不需要冒险的事情上了（还记得我们的海鸥救援飞机起降一次要花费多少百姓辛苦纳税的钱吗）。

或许，我们该更谨慎地将天赋的冒险精神，运用在开创人生，或对大多数人有贡献的事情上。否则，不过是个任性不懂事、惹麻烦的孩子罢了。

黑客小子郑宗明

著名的国际网络黑客米尼克，在网络世界通行无阻，几乎没有任何一种网络防护措施，可以阻挡他的入侵。

他经常冒险进出国防机密要地及重要公司的机密文件藏身处，并且顽皮地留下他进出的痕迹，让许多人对他束手无策，恨之入骨。

像米尼克这样绝顶聪明，胆量又如此大的人，在全世界也是少有的。可是，却从来没有人因为他的冒险而受惠，相反地，许多人因为他淘气的行为，而屡屡受到威胁，甚至必须付出更高的代价，换取安全性的防护。

后来，米尼克也因为他的"冒险"行为，而经常进出监狱，最近甚至被法院判定终身不得靠近电脑。这对一个热爱网络生活的人来说，可想而知是非常严厉的酷刑。

曾经是台湾著名黑客小子的郑宗明，目前就"改邪归正"，担任升阳公司的技术顾问，利用当年玩黑客的知识，为公司的系统修补漏洞。相比于米尼克这个网络顽童，郑宗明目前的网络探险，对于社会更有正面的贡献。

诺贝尔和平奖得主特蕾莎修女

曾获诺贝尔和平奖的特蕾莎修女，在天主教界也是个十足的冒险分子。

特蕾莎修女和她仁爱会的修女们，穿着大部分天主教修女不曾穿的奇装异服——印度妇女的纱罗，一种缠身的布，终日穿梭在印度恒河边，以拯救印度教贫民。是的，这是当地"异教徒"中身份、地位最低的一群人，本来不是修女们"必须"服务的对象。

更不要说当修女发现这些人时，他们大多身体腐烂，全身发出恶臭，并且距离死期不远。而仁爱会的修女和义工们，往往不顾这一切，充满爱心地抱起这些人，回到仁爱会对其进行照顾和治疗。

且当我在形容那些贫民可怕的模样时，在特蕾莎修女眼中，这些人仿佛是耶稣的化身，他们是为世人接受这样的苦难。对特蕾莎修女来说，她只是"说该说的真理，走应走的道路，燃亮应点燃的光"。

可是，上述这些违逆了特蕾莎修女所属天主教教团的举措，要冲破这些眼光和想法的限制，多么不容易。而这些却是她数十年来每天的生活。

这样的冒险实在非常伟大，可是，这样的冒险故事却不让人觉得热血沸腾，反而可以感受到其无比伟大的温柔能量。

因为冒险不只是去做自己不敢做，或是别人不敢做的事情。冒险是有目的的，为了造福人群、实现梦想……什么都好，就是别为了投机、好奇或是无所谓的好玩心理。再说，冒险成为害人不浅的人，或是遗臭万年，有什么意义或乐趣可言吗？

冒险者的永恒信念

说该说的真理，走应走的道路，燃亮应点燃的光。

冒险就是超越自我

乙武洋匡的妈妈却总是不厌其烦地向邻居解释自己孩子的毛病，他们毫不犹豫地将残障的孩子放在阳光下。因为这样，这个小孩在长大之后，才能够不断地超越社会环境及身体的限制，并向所有的人说出他乐观的成长经历。

对于四肢正常的人来说，出门跟朋友聊聊天，这是多么平常的一件事啊。

可是，对于带着四肢残障的孩子，住进新社区的乙武一家人来说，却不是件容易的事情。因为一般家里若是有残障的孩子，都会觉得是件丢脸的事情，从而限制他们的活动。

残障天使乙武洋匡

可是，乙武洋匡的妈妈却总是不厌其烦地向邻居解释自己孩子的毛病，他们毫不犹豫地将残障的孩子放在阳光下。因为这样，这个小孩长大之后，才能够不断地超越社会环境及身体的限制，并向所有的人说出他乐观的成长经历。

如此坦白自己内心的痛苦及身体缺陷的冒险，是一般人难以想象的吧！

那么，对于不管以任何理由，对自己的外表、内在各方面有自卑感的人来说，充满自信地展现真正的自己，也是一个有意义的冒险哦。所以，请努力地打起精神来吧！

如果说肢体残障的人要过正常人的生活，必须面对许多的冒险，那么，拜尔德非比寻常的冒险精神和行动，可能就要让大部分的人汗颜不已了。

世界两端的海军少将拜尔德

年轻时的拜尔德是一名足球队员，不过，在一次比赛中，右脚不幸受了伤。后来，在一次特技飞行表演中，这只脚再度跌伤。因为实在伤得太严重，以至于原本是运动好手的他，变得有点跛，不得不从海军退役。

但是脚不方便的拜尔德，并没有因此而限制自己的活动，反而还冒险飞越正北极和正南极，后来被誉为"世界两端的海军少校"，也是缔造这项纪录的世界第一人。

如果拜尔德因为右脚的限制，而放弃了冒险的梦想，那么，他将永远不会知道自己有能力创造这项世界纪录。因为他勇于冒险，于是他突破了本身条件的限制，甚至是全人类对于探索地球的限制。

当一个人不敢冒险时，总会举出其他条件更好的人都无法成功的例子来安慰自己。从拜尔德的例子来看，这是不对的，因为，冒险是否成功，跟本身的条件没有太大的关系，要的只是坚强的冒险热情罢了。

那么，对于生活平静无波，没有机会得到什么命运历练的大部分人来说，想要冒险超越自我，是不是就没有机会了呢？当然不是。从伟人的经验来看，冒险的机会大多是自己创造的。

曾经帮助秦始皇建立中国历史上第一个统一国家的著名宰相李斯，年轻的时候，不过是个相当于现在县政府初级职员的人。

本来他跟许多同事一样，都觉得有这样一份安稳的工作，就这样过一辈子了，也不算太坏。可是，因为工作实在太轻松无聊了，让他注意到办公室里的老鼠。

李斯看到厕所的老鼠吃不干净的东西，还常常受到追捕，可是仓库里的老鼠却吃得好、住得好，且不受外界的打扰。

于是，这个观察启发了李斯。其实，人也是这样，一个人能不能够有所作为，就看他能不能找到好的环境供他发展。于是，李斯辞掉工作，跑去跟荀卿学习治国之道，提高自己的能力，向更大的目标挑战。

尼采说："所谓天才，不过是在寻找更高的目标，和前往那里的手段的人。"这句话可说是对这几位冒险家的行为做了最佳注解。

所以，没有成为冒险家，并不是环境的错，更不是命运的安排，因为人有选择环境、改变命运的能力，关键只在于自己愿不愿意改变现状而已。如果不满意目前所认识的自己，只有一个办法，那就是鼓起勇气，为自己创造一个可以超越的挑战吧。因为只有冒险创造出来的结果可以告诉你，你是谁，有什么能力。

冒险者的永恒信念

所谓天才，不过是在寻找更高的目标，和前往那里的手段的人。

冒险才能创造新的价值

有人说，若是中国历史上没有孔子这个人的出现，带来许多新的想法，那么，中国的思想界，可能还笼罩在万古长夜之中。由此可见冒险者在历史上的重要性。

这个世界上的人，可以分成两类，一类称为保守派，另一类便是冒险激进派。

我想，世界的运作，依靠着大多数遵守规律的人，可是，要有所进步，便少不了冒险激进的思想和行动。

就像有人形容孔子，若是中国历史上没有这个人出现，带来许多新的想法，那么，中国的思想界，可能还笼罩在万古长夜之中。由此可见冒险者在历史上的重要性。

可是，就像孔子当时周游列国得不到重用一样，许多开创人类历史新价值的人，在其所处的时代，不但未受到应有的礼遇与尊重，反而还要在重重的阻碍中，坚持自己的想法。

哲学家卢梭《爱弥儿》

哲学家卢梭曾经在 1761 年写作《爱弥儿》一书。这本书以小说的方式，记述了卢梭对于幼儿教育的完美想象，这对现代的读者来说，是一部具有理想的文学作品。

可是，这本现在看来很理所当然的书，在当时却震惊了整个社会。因为当时的西方社会对宗教信仰非常虔诚，可是，卢梭在《爱弥儿》一书中却主张没有宗教信仰的人也能够靠理性得到幸福。

这种论点触及当时的统治者，法国议会判定《爱弥儿》是异教邪说，除了焚毁书籍，还发出拘捕令要捉拿卢梭，迫使他仓皇逃出法国。

这书在当时虽然不被接受，但是对后世的影响却很深，启发了教育的改革。如果卢梭碍于当时的权威思想，而没有冒险写出他真正的想法，我们便无法体会理性主义是如何帮助我们提升自信心，并相信自己可以为自己创造幸福，而不是只仰赖宗教信仰。

音乐怪杰顾尔德

现在大概没有什么古典音乐的爱好者，会坚持只听现场演奏会不可吧。毕竟随着录音技术的进步，已经让录音版本的音乐，可以呈现出完美的品质，甚至不亚于现场演奏的效果。

可是，在录音技术刚刚萌芽的阶段，许多演奏家对于录音却非常不屑，他们认为唱片不过是会发出声音的圆饼，没有人愿意花时间在录制自己的作品上。

可是，有"音乐怪杰"之称的顾尔德却不这么想。他认为在录音室里可以通过无数次的演出和录音，制造出最完美的音乐，并且得到演奏家与听众之间，真正的一对一关系，他认为这真是再完美不过了。

于是，顾尔德后来竟完全舍弃现场演出，将自己关在录音室中，录制演奏曲目，令他的音乐家朋友们非常不认同。

可是，就是因为顾尔德如此重视录音技术，因而让他对于演奏和录音之间的关系有了更多深入的研究，直到现在，许多人仍然能够从他往昔的录音作品中，感受到第一手的"神奇"力量。

例如有一位病人，在听了顾尔德的音乐之后，从一场精神崩溃的疾病当中恢复了过来；另外，更有一些外科医生，在施行手术之前，都要和他的病人一起听完这位大师的演奏，才能够开始施行手术。

从顾尔德的故事当中，让我们知道，做一些别人尚未发现价值的事情，也是一种伟大的冒险。因为有了付出，才能增进一项技术的发展。谁说没有价值的东西永远都翻不了身呢？冒险家绝对不这么想。

于是，从上述这些伟大的冒险家故事中，我们更加深信，人类美好的未来是由冒险家逐步探索出的！

冒险者的永恒信念

　　如果卢梭没有冒险写出他真正的想法，那么，我们便无法体会理性主义是如何帮助我们提升自信心的。

冒险就是别人不做，我做

> 下次当你遇到没有人愿意做的事情时，可千万别下意识地也逃避过去，因为面对它、解决它，说不定，你就是下一个改变人类历史的冒险家呢。

是什么样的心情，让一介文弱书生石川钦一郎，来到当时被日本人认为是遍地蟑螂、充满毒蛇猛兽及会吃人的生番的"台湾岛"呢？

台湾西洋画的导师石川钦一郎

石川钦一郎是台湾西洋画的导师，他在日据时代的台湾第一学府台北师范学校任教美术课，课余还组织水彩写生会，教导学生绘画出风景优美的台湾岛。

石川回忆来台湾的一路上，风景从中性色调渐渐变成明朗的、鲜明的颜色，他觉得台湾是个具有独特美感的地方。

可是，他所发现的台湾之美，不仅对日本人来说非常陌生，连当时的台湾人对于所生长的环境也没有什么美的认识。

如果说因他是落脚在当时建设已经相当完善的台北市区，便以为他不过是个空有美丽幻想的文弱教书先生，这是不对的。

因为，石川在课余时，总是走遍台湾各地大大小小的街巷，甚至前往未开发的台湾山野旅行，只为了用自己的体验，还有绘画的技巧，向世人介绍台湾风景的独特美感。

如果不是因为他的努力，那么，关于台湾早期的美丽风景，便不会那么水溶溶地从他和他学生的画线上呈现出来，并且留至今日，让我们对这块土地有更深切、更美好的情感。

石川钦一郎所做的，是当时没有人敢做的冒险，可是，他不但不害怕，内心甚至还充满喜悦与满足呢！

平民教育家晏阳初

说到教育，就不能不提晏阳初。平民教育家晏阳初是中国历史上第一位运用西方的科学技术来改造中国旧农村，并帮助失学民众识字念书的教育家。

过去，念书识字在中国是少数人的事情，但晏阳初改变了这个观念。

受过高等教育的他，因为与农民的接触，让他惊讶于农民对于写字、识字的教育渴求，他们甚至连写信、读信的能力都没有，这在生活上是多么不方便，况且农民的人口众多，要教会他们读书识字，那是多么艰巨的工作。

但是，晏阳初却毫不畏惧，他从示范农村开始做起，并积极争取经费援助，从识字教育出发，逐渐提升农村的生活水准。因他而受惠的人，简直多到难以计数。直到现在，还有很多人提到晏阳初的名字，都非常感佩他的精神。

石川钦一郎到了没有人愿意来的地方，发现了意外的美景，而晏阳初则是因为与农民的接触，深刻感受到一种使命感，于是，前无古人地实行农村的教育改革。

糖尿病患者的救星班庭医生

至于加拿大的班庭医生，所遇到的挑战却是许多人都知道的糖尿病，因为觉得不可能解决这样的问题，反而将问题束之高阁。

班庭是加拿大多伦多大学的教授。有一天，当他在准备关于胰脏的演讲时，阅读了一篇有关糖尿病的论文。论文中提到，许多医生认为胰脏中某种腺体会产生一种荷尔蒙，能够帮助身体利用糖分。

如果缺少这种荷尔蒙，就会让人罹患糖尿病。可是，当时却没有人能够从胰脏里提炼出这种荷尔蒙，用以治疗糖尿病。

而班庭居然因为这篇论文的启发，决定要找出可行的方法来做这件事。

果然，他的决心得到一些教授和助手的协助，终于提炼出这种荷尔蒙，并且治愈不少糖尿病患者，还获得诺贝尔生理及医学奖的肯定。

由上述的例子可知，下次当你遇到没有人愿意做的事情时，可千万别下意识地逃避过去，因为面对它、解决它，说不定，你就是下一个改变人类历史的冒险家呢。

冒险者的永恒信念

唯有面对它、解决它才能成为真正的冒险家。

冒险就是勇于造反

> 如果你还留有许多小孩子的天真淘气、青少年的固执叛逆，很难让自己成为够乖、够循规蹈矩的人，那么，你也很有希望成为下个世纪第一位冒险家哦!

在一个平静守旧的小村庄，有一个聪明又有主见的小男孩，已经够伤脑筋，更何况是一下子出现两个呢!

民主斗士孙文与陆皓东

在学堂里，老师总是被这两个小男孩搞得又急又气。一个不肯乖乖地背书，硬是要老师解释。这个孩子叫孙文。

另外一个孩子就更怪了，上课拼命画画，不听课也就罢了，讲他两句，竟然还顶嘴说，画画也是读书的一种。这个孩子叫陆皓东。

有一天这两个小孩来到庙里，看着许多善男信女虔诚地膜拜堂上那些泥土、木头做的人儿，愈看愈生气，觉得这些人真是迷信呀！于是，两个人便合力把这些假人给毁了。这下子惹来的麻烦可不小，家人没办法，只好将两个孩子送到外地去读书了。

这两个孩子并没有因为被赶出家乡而学乖，反而因为在外地所受的新式教育，渐渐感受到，不仅是自己的家乡有些不对劲，整个缓慢而不进步的中国，问题更大。于是，他们计划更远大的下一步：推翻清朝政府。

以前的人想革命，不过是要自己当皇帝，可是，他们却不这么想，他们要让人民当国家的主人。

正如你所知的，这个革命的计划，费了十次的功夫，到了第十一次才成功。

而且，这中间洒下了不知多少烈士的鲜血。陆皓东更是在第一次革命的时候，就因为保护革命人士的名册而壮烈成仁。

这两个孩子真的是造反，不过，如果没有他们，就没有今日民主的中国了。

正如尼采所说的："或许很多人都认为，信念是人类一项伟大的特性。事实上，怀疑、超越道德、放弃世人共同信仰的人，才是伟大的人！就像荷马、亚里士多德、达·芬奇、歌德等人一样。"

发展迟缓的爱因斯坦

写出 $E = MC^2$ 这个看似简单公式的爱因斯坦，竟大大地改变了整个科学界和知识界的想法。他所创造的新观念如此伟大，竟要许多科学家经过许多年之后，才能慢慢地了解。

可是，爱因斯坦在他的相对论发表之前，并未被发现具有非常特殊的才能，童年时，甚至还被认为是个发展迟缓的孩子呢！

可是，他一直都是这样缓慢的、按照自己的速度，坚持自己的想法，不管别人觉得有多么奇怪，只要他认为是对的，便会坚持到底。

曾经有科学家评论他："要不是因为他具有这些特质（想象力、创造力、固执并坚持到底），他绝不可能完成他已经做到的那些工作，而且对于他正要尝试去做的事情，也将毫无成功的机会。"

而人类对于宇宙的新见解，就在那些总是不按牌理出牌的科学家脑中创造出来了。也许目前收藏在哈维医生办公室，等待被研究的爱因斯坦的脑子里，有的不过是勇于造反的冒险气质罢了。

叛逆音乐家德彪西

如果你曾仔细聆听过德彪西的音乐交响诗《海》，必定会对德彪西引来海浪声的高超作曲能力感到惊奇。因为像他这样的曲风，在过去的音乐史上是从来没有过的。

这开创性的音乐，出自既优秀又叛逆的德彪西之手，反而是可以理解的。这话怎么说呢？

德彪西是法国音乐家。他在巴黎音乐学院学习的时候，本来是个杰出的钢琴系学生，曾获得视奏奖和声乐练习曲奖。

可是德彪西也是个不守本分的学生，因为他喜欢实验各种新奇的和弦，而不去做和声练习题，以至于引起师长的反感。但他依然不顾一切地研究自己的理论，最后终于塑造出属于自己的独创风格。

试想，如果他始终是个好学生，只做老师指定的和声功课，那么，新的音乐风格从何诞生呢？恐怕怎么样都还是有沿袭前人的风格阴影在吧！

这样说来，如果你还留有许多小孩子的天真淘气、青少年的固执叛逆，很难让自己成为够乖、够循规蹈矩的人，那么，你也很有希望成为下个世纪第一位冒险家哦！

冒险者的永恒信念

　　或许很多人都认为信念是人类伟大的特性。其实，怀疑、超越道德、放弃世人共同信仰的人才是伟大的！

CHAPTER 2
冒险创造的价值

历史因冒险家而改写

千万不要觉得小小的、个人式的冒险微不足道，不足以撼动许多人根深蒂固的信念，其实，一个人也可以让历史就此改观。

还记得杨惠敏吗？她是中国近代史上永远的勇敢小女孩。虽然最近几年看她出现在电视上，已经是位老太太，可是，她冒险的年轻身影永远留在了中国人的记忆当中。

护旗女英雄杨惠敏

故事发生在抗日战争初期的上海四行仓库。日军夸下海口，挥动大军，准备"三日攻下上海，三月灭亡中国"。

当时上海国民党军队最后一道防线四行仓库，已被日军三面包围，并且缺乏粮食，军队人数也少，要突围攻出简直不可能。

可是，当时在上海的童子军和居民们，都想尽办法支援困守四行仓库的国民党军队。

他们趁着黑夜将食物送到仓库附近的空屋，接下来就是通知仓库里的国民党军队这个消息，并且鼓励他们继续坚持下去。

结果，女童子军杨惠敏被命令做传令的工作。

于是，杨惠敏冒着生命危险，在枪林弹雨之下游泳渡过苏州河到四行仓库，告知守军支援的消息，并且带给他们一面国旗。当国旗飘扬在四行仓库的天际，上海军民抗日的信心仿佛在一瞬间被熊熊地燃起。

杨惠敏的冒险壮举，改变了中国近代史的发展。中国没有在三个月内被日本打败，反而坚忍地苦战八年，得到最后的胜利。

所以千万不要觉得小小的、个人式的冒险微不足道，不足以撼动许多人根深蒂固的信念，其实，一个人也可以让历史就此改观。

吴凤也是这样一个典型的人物。

舍生取义的吴凤

吴凤是往来阿里山区汉人与原住民间有名的翻

译。虽然当时许多汉人害怕原住民有杀人祭神的可怕习俗，可是，吴凤却从来不担心。他开放而信任的态度，赢得了原住民深厚的友谊。

可是，即使吴凤跟原住民的关系这么融洽，仍然无法说服这些原住民朋友，放弃杀人的习俗。

于是，他为了让原住民改变习俗和确保汉人同胞的生命安全，决定牺牲自己。

吴凤跟原住民朋友说，在某天的某个地方，他会找来一个骑马、穿红色袍子的人，你们可以猎他的人头祭神。

这些原住民没有怀疑，照着吴凤所说的话去做，果然不费吹灰之力，找到了献祭的对象。

可是，当他们看到这个红袍老人的脸时，竟发现，原来这是他们最好的朋友吴凤。他为了说服原住民朋友放弃杀人的传统风俗，竟然愿意舍弃自己的生命。

因为吴凤舍生取义的行为，使得原住民改变了猎人头的风俗，并且与汉人百姓渐渐和平共处。

也许吴凤的冒险行为在现在的人看来太惊人了点，但是，这也证明，一个人的力量可以发挥的效应是无可限量的。

曾经有动物学家做过行为研究，得到一个惊人的发现。

一百只猴子效应

20世纪50年代初期，京都大学灵长类研究所的一科学家，研究日本九州宫崎县幸岛上的猴子。

他们给猴子一种从来没吃过的洋芋。起初那群猴子一直在观望，不知道该不该吃那些沾满泥巴的洋芋。后来终于有一只猴子，把洋芋带到海边洗干净之后吃了。其他的猴子看到这只猴子这么做之后，也纷纷加以仿效。

很奇妙，当第一百只猴子模仿清洗时，却发生惊人的变化——从来没有学习过洗洋芋的猴子，突然在一夕之间，几乎都学会了这种新的方式；也就是说，其他不知道如何洗洋芋的猴子，虽然没有跟已经学会的猴子接触，可是竟然也知道这个方法。

更令人惊讶的是，没隔多久，洗洋芋的行为竟横越海洋，传给对岸大分县高崎山的猴子，可是这两群猴子完全没有任何关联或接触。

所谓"一百只猴子效应"是指：当某种行为的数目，达到一定程度（临界点）之后，就会超越时空的限制，而从原来的团体散布到其他地区。对组织而言，只要认同某种观念或行为的人，达到一定程度的时候，自然而然就会风起云涌，获得更多人的认同与支持。

英国科学家谢瑞克（Rupper Sheldrake）认为，不断重复的行为会形成一种记忆，即使不经思考也能够反应。一百只猴子的重复动作，形成了一种"磁场区域"，其他没有学习过的猴子与这个"磁场区域"产生"共鸣"，而学会了这些行为。

从组织学习的观点而言，任何新的学习或改变，都必须有人不怕失败，勇于尝试，先跳出来当第一只猴子，其他人才会跟着仿效。再者，在"团队学习"（Team Learning）之前，先要有一个"学习团队"（Learning Team），由他们带头起示范作用，再逐步拓展影响范围。

至于一个组织要有多少人认同之后，才会达到所谓的临界点，并产生快速的传播效果，依据日本管理大师船井幸雄先生的看法，只要有约一成的员工接受，就会有惊人的进展。当然西方的管理专家也有人认为，在推动企业变革的过程中，只要有超过两成的员工认同，领导阶层就可以大胆地进行变革。

正如牛顿所说的："我会有少许成就，是因为我正踩在巨人的肩膀上。"我们一方面运用前人的努力与智慧；另一方面也勇于创新，不计成败地当第一只猴子，扩展全人类的智慧宝库。

所以你冒险的一小步，可能就是人类的一大步。

冒险者的永恒信念

所以你冒险的一小步，可能就是人类的一大步。

冒险创造不平凡的精神力量

当我们看到《史记》中铿锵有力的人物评断，多少都可以揣想，若不是司马迁这样一个有勇气，愿意跟命运搏斗的人，是写不出这么伟大的史书的。

广田定一是个蛋糕店老板，跟一般的蛋糕店老板没什么不一样，每天辛勤地制作蛋糕以供应附近的居民。

蛋糕师傅广田定一

广田定一觉得自己制作蛋糕的技术非常好，附近的顾客也这么认为。可是，广田定一并不满足，他想让更多的人知道，并且愿意来吃他的蛋糕。

于是他突发奇想，决心要做蛋糕给当时在日本驻军、曾经在第二次世界大战中非常著名的麦克阿瑟将军食用。

做蛋糕不难，但是要做给根本没有机会见面的麦克阿瑟将军，还要让他觉得蛋糕好吃，就像天方夜谭一样，根本是不可能的。

可是，广田定一决定了这件事，就开始通过种种的关系，托人帮他送信给麦克阿瑟将军，透露想要做蛋糕给他吃的心愿。

没想到，经过许多错误的尝试和闭门羹之后，广田定一终于实现了他的心愿。而且因为他这个冒险的想法，使他的蛋糕大大出名。

若不是因为他的冒险勇气，恐怕他的蛋糕还一直躺在蛋糕店里，只有附近的居民吃过而已呢！

冒险不仅能够让蛋糕增加它的价值和知名度，还能够让失望的人心中重新燃起对爱与信任的希望。

一千零一夜的真爱奇迹

据说古代阿拉伯《一千零一夜》的冒险故事背后，还有一个令人感动的冒险故事。

古代阿拉伯的苏丹国王因为皇后变心，从此不再相信女人，所以，他定下一个规矩：每天跟不同的女子结婚，不过，隔天就要把新娘杀掉。这样苏丹便可以永远不用遭受爱情背叛的打击。

可是，这却苦了阿拉伯的女子，因为每家的女儿都要担心，什么时候便要轮到被征召跟苏丹结婚，隔天被处死的命运。

偏偏宰相的女儿不害怕，因为她想到一个方法可以让苏丹不要那么快杀掉她。于是，她向父亲央求，让她去跟苏丹结婚。

宰相不知道女儿玩什么把戏，虽然他也对苏丹这种荒唐的行为束手无策，却也舍不得女儿去冒险。不过，禁不住女儿再三请求，他决定让女儿去试试看。

宰相的女儿有个最厉害的本领，就是说故事。结婚的第一天晚上，她便开始跟国王说起故事来，一直说到天色渐亮的第二天早上。

就在这时，她跟国王说："故事还没说完呢！"

苏丹国王因为被她的故事所吸引，于是答应不杀她，继续让她活到第二天，等故事说完再将她杀掉。可是，第二天晚上，当第一个故事说完，宰相的女儿又赶紧说了第二个故事，不过，可想而知，聪明的她还是一样没有把故事说完。

就这样，她靠着说一千零一个未完的有趣故事，感动了苏丹国王的心，不但免于死罪，成为真正的皇后，而且更让苏丹相信，愿意跟他说那么多故事的女子，一定不会对他变心。

　　宰相的女儿凭着她的智慧与冒险的精神，终于让心碎的苏丹，重新燃起对爱情的信心。这便是《一千零一夜》背后的真爱奇迹。

　　同样是说故事高手，中国的历史学家司马迁可就没有这么幸运。

仗义执言的司马迁

　　当司马迁正积极地收集资料，准备撰写中国第一部通史性的著作时，正巧他的好朋友李陵带兵攻打西域，居然兵败归降。消息传来，不但震惊朝廷，皇上甚至准备降罪，处罚李陵的家人。

　　可是，身为李陵好友的司马迁，怎么也不相信李陵会真的做出投降的事情，他觉得必定有其他原因，可能是诈降也说不定。于是，他上书力保李陵。

　　其实，司马迁想得一点都没错，可是，他这样有义气的作为，却无法在朝廷中得到共鸣，反而被处以宫刑，并且被关入监牢。

　　如果是一般人，无缘无故因为仗义执言遭到这样的对待，大概只求一死吧！刚开始司马迁也是这么想的。

可是，为了完成写作历史书的使命，一如他为好友仗义执言的精神，他决定忍辱活下去。

今天，当我们看到《史记》中铿锵有力的人物评断，多少都可以揣想，若不是司马迁这样一个有勇气，愿意跟命运搏斗的人，是写不出这么伟大的史书的。

就是因为司马迁坚持为正义搏斗的勇气，让他的史书在历史上享有崇高的地位。并且，让后人在阅读《史记》时，都不忘为真正的正义冒险。

司马迁所立下的史家节操对中国后代的历史撰述，及人伦教化具有非常深远的意义。毕竟，直到现在，我们仍然还是比较相信，肯为正义冒险的人所说的历史吧！

冒险者的永恒信念

冒险不只能够让蛋糕增加它的价值和知名度，还能够让失望的人重燃起对爱与信任的希望。

冒险能增强自己的能力

如果不是因为冒险，就没有办法让自己蜕变成长。这可以说是演化论"适者生存"的另一种诠释吧！

有一天，一位住在台湾省的日本朋友，说到其他同样住在台湾省的日本人的趣事时，我才知道，原来，许多日本人不敢随便吃台湾一般摊贩所卖的食物。

原因很简单，因为担心不卫生，会引起肠胃炎。这不仅是他们民族性的洁癖使然，他们的肠胃抵抗力的确也比较差。

可是，我这位日本朋友却不然，她什么特别的东西都喜欢尝一尝。所以，对台湾的美食，简直比我这地地道道的台湾人还熟悉，已经到了令我汗颜的地步。

她说，也许是因为日本人总是用抗菌的产品，以至于抵抗力非常弱。

从最近的旅游中毒事件可知，同样在一座观光小岛上，有来自世界各国的观光客，偏偏发生食物中毒事件时，所有的患者全都是日本人。

尼采曾反思过："生存是什么?"他认为，生存是不断地从我们身上排除任何会趋向死亡的东西。他还说："猛兽与原始森林并不会损及我们的身体健康，反而会让我们的身体更趋发达。"

我想，如果这些日本人能够冒险多接触不同种类的细菌，少依赖抗菌的产品，纵使刚开始会有不适应的问题，可是，抵抗力渐渐产生之后，体质自然会慢慢强壮起来。这样要尝试什么特殊的食物或是旅行，便不是问题了。

征服"恐惧角"

著有《不带钱去旅行》一书的美国记者，曾经彷徨地站在人生的道路上，觉得自己对任何事情都非常恐惧，包括稳定的感情是否要进入婚姻阶段。

于是，他决定征服自己的恐惧。他给自己规划了一个穿越美国大陆的行程，目的地是一个叫"恐惧角"的地方。在这段路程当中，他不带钱，也没有交通工具，他要靠劳动或是其他人自愿的帮助，走完这段路程。

在这一路上，他遇到过许多令他害怕的人和事，可是，当他一步一步更加接近"恐惧角"，他便相信，自己已经愈来愈有能力应对恐惧。

最后，当他来到"恐惧角"时，他实在不知道为什么这个地方会叫作"恐惧角"，因为对他来说，已经没有什么事情值得恐惧了。因为他的勇气已经在这个历练的过程中增强了，甚至影响到他周围的人。他的女朋友受到他的影响，也决定出走，给自己冒险的自由。

"天地一沙鸥"的适者生存

我常常想起"天地一沙鸥"，那只被同辈们嘲笑、为什么老是想要跟老鹰比谁飞得高的海鸥。

事实上它不是要跟老鹰比，而是要跟自己比，当它超越原本海鸥们的飞行极限时，它看到了不一样的风景，它有了更不同的生命体验。

这只海鸥岳纳珊并不是那么顺利而自然地愈飞愈高，反而是经历许多体能和身体结构上的限制，因为在不断的飞行失败再失败的过程中，发现能够飞得更高的方法。

　　如果不是因为冒险，就没有办法让自己蜕变成长。这可以说是演化论"适者生存"的另一种诠释吧！

冒险者的永恒信念

　　猛兽与原始森林并不会损及我们的身体健康，反而会让我们的身体更趋发达。

为了扩展自己的经验，非冒险不可

如果你不冒险往前走走看，永远不知道自己可以走多远，可是当你走过，你便证明你可以，而且这是独一无二，无可取代的。

在元朝，曾有一个意大利人马可·波罗来过中国，在他游历中国的 25 年间，经历了许多奇特的事情，后来被朋友记录下来，就成了《东方见闻录》这本有趣的书。

中西交流使者马可·波罗

在当时，虽然许多人都看过这本书，可是，却很少人相信里面的故事是真的，直到马可·波罗快死的时候，还有很多人认为这一定是他胡诌的，希望他承认这本书是杜撰的。

马可·波罗说："我这本书所记载的，连我所见闻的一半都不到，怎会是假的呢?"

没错，这位中西交流历史上重要的人物马可·波罗，的确为当时元朝的景物留下了最翔实的记录。

可是，不曾有过像他这种经历的人，即使阅读了他的书，也无法相信书中内容是真有其事。因为只有冒险尝试用自己的身体去经历，才能得到最真实的经验，而且这种经验没有办法完全告诉别人，就算别人听了，也不见得能真正感受。

所谓"读万卷书，行万里路"，就是教人不但要读书，更要实际体验，才能得到正确的认识。可是，现在的人还是常常犯这样的错误，以为读书或是文凭很重要，而轻视经验的价值，实在是一件非常可惜的事。

就像战国时代赵国大将赵奢的儿子赵括。

纸上谈兵保不住命

赵括是个有名的兵法专家，年轻时就熟读兵书，所以只要谈到书上的问题，他无不能引经据典，滔滔不绝、头头是道，人们都相信他精通兵法，长于用兵。就连他的父亲赵奢同他谈兵法，也无法难倒他。

可是，赵括的父亲赵奢却不认为自己的儿子就真的是一个精通兵法、善于用兵的人。他常对朋友说："如果我的儿子将来不做赵国的将军，还算是喜事，万一做了赵国的将军，那他必定是要打败仗的。"因为赵括充其量不过是"纸上谈兵"罢了。

后来，赵奢的话果然应验了。赵括当了将军之后，很容易就被敌人的诱敌战术骗住，不但打了败仗，连自己的命都保不住。

照葫芦画瓢终相不了良马

据说有名的相马专家伯乐写了一本《相马经》，把各式各样名驹好马站卧的形态，以图画配合文字的方式，记载在他的书中。

伯乐的儿子看了父亲这本详细的书，便以为自己已经得到了相马的真传，便拿着书去寻觅好马。谁知找来找去没找到好马也就罢了，还把一匹大蟾蜍当成日行千里的良马。这不是很好笑吗？

不过，比起赵括，伯乐的儿子显然幸运得多，因为他还没有因为自己的经验不足而丧失性命，还有父亲可以请教，能够继续在实际相马的错误教训中学习。说不定他继续这样观察马匹，也有可能成为伯乐第二。

　　所以，冒险行动才是增强自己能力的不二法门。

　　如果你花了很多时间，用安全的方法，例如读书，或是听别人的经验，来扩展自己的经验领域，那你永远不会知道自己能有多么伟大的体验。

　　如果你不冒险往前去走走看，那么你永远不知道自己可以走多远，可是当你走过去，你便证明了你是可以的，而且，这是独一无二，无可取代的。

冒险者的永恒信念

　　如果你花了很多时间，用安全的方法扩展自己的经验领域，那你永远不会知道自己有多么伟大的体验。

冒险创造独一无二、无可取代的地位

> 上帝总是把最丰美的果实留给肯冒险的人，所以成功者总是那些愿意冒险、做没有人做过的事情的人。

吕不韦的冒险精神

战国时代的吕不韦原本只是个到处做生意的商人。有一次他到赵国都城邯郸去，听人说秦昭襄王的孙子异人正在赵国当人质，生活过得非常艰苦。

他知道这个消息之后，不禁自言自语地说："此奇货可居也。"

原来，依他的生意经，若是能够扶助这样具有特别身份的人登上王位，所得的利益必定远超过经商千千万万倍。所以吕不韦想尽办法贿赂秦国的太子，把异人从赵国救出，并且认他为义子。

就这样经过几年，异人终于有机会登上王位，吕不韦也因此被封为丞相，从商人跃为一人之下，万人之上的大官。

若不是因为吕不韦能够从大家都知道的事情当中发现大机会，并且愿意冒险尝试，恐怕他一辈子都还只是个到处做小生意的商人罢了。

纪伊国屋一夜致富

日本江户时代也有个脑筋灵活、肯冒险的男子，他名叫纪伊国屋文左卫门。他的发迹过程也颇具传奇性。

柑橘是日本过年应景不可或缺的物品。某年因气候不好，多暴风雨，柑橘无法运送到江户地区贩售，结果江户的橘价一路狂飙，而柑橘产地的价钱却狂跌至谷底。

纪伊国屋看准江户橘价会狂飙，于是重金招募了20名身强体健的水手，强行运送大量柑橘到江户，结果一夜致富。

在台湾目前最前卫的资讯产业中，联强国际也因为冒险挑战最麻烦的事，最后终于取得领导地位，成为无可取代的资讯网络商。

所谓"术业有专攻"，反映在资讯产业，则是上游到下游完善的垂直分工体系，但专业分工往往会被滥用。一般人习惯将麻烦的事情交给别人做，因为事愈麻烦，本身愈没把握做好，干脆交给更"专业"的人去做，至于他人是否能做好，反正眼不见为净。顶着专业分工的大旗，人性上的弱点便就此被合理化。

联强却刚好相反，愈是麻烦的事，愈是自己寻求解决方案。

上帝总是把丰美的果实留给肯冒险的人

这样的好处在于，唯有自己才真正了解自己的需求，才能知道何种设计方能切合实际需要。别人或许能临摹出个大概，但许多细节之处，不见得能够考虑周全，这将使得设计出来的工具，不能完全符合操作者的需求。

另一个更重大的意义在于，一旦联强能够克服困难，针对最麻烦的事情提出妥善的解决方案，这反而成为联强最大的竞争优势，使其不容易被取代，并成为竞争对手超越的目标。

以今日视之，个人电脑产业的发展越发成熟，网络商销售功能的价值正逐渐降低，因为当电脑成为相当普及化的产品时，其销售的困难度也愈低。

联强能够保有其竞争力，甚至在资讯网络业界成为全球市值最高的公司，绝非仅仅具有销售的功能就可达成，反而兼具配送、维修等功能，才是其真正的价值所在。

如果联强当初也如其他业者一般，将最麻烦的事情外包给其他公司负责，那么今日的联强便不可能拥有如此高的身价。

上帝总是把最丰美的果实留给肯冒险的人，所以成功者总是那些愿意冒险，做没有人做过的事情的人。

冒险者的永恒信念

　　黄树林里有两条岔路口，而我——选择了人迹较少的一条，使得一切多么的不同。

冒险才能找到存在的价值

疯狂的哲学家尼采曾经发下如此狂语："体认一切存在之最大价值和最高享受的秘诀就是——活在危险当中。"

疯狂的哲学家尼采曾经发下如此狂语："体认一切存在之最大价值和最高享受的秘诀就是——活在危险当中。"将你们的城市建筑在维苏威火山的山坡上，将你的船驶入浩瀚的海域！与你的对手抗衡，甚至处于自我交战的状态中！若是不能成为统治者或主人，不妨做一个掠夺者或征服者。当你裹足不前，像胆怯的小鹿般躲藏在森林中时，时光将弹指而过。

在悠忽即逝的短暂人生岁月中，当人们总是选择安全的道路行走时，那种真真切切的存在感就会消失。

因为没有冒险去挑战生命中可能会消失，或是有可能会失败的危险性，生命的坚韧力便无法显现出来，而存在的价值也会变得模糊而无法分辨。

贝多芬的《命运交响曲》

当贝多芬的第五交响曲，也就是大家所熟知的《命运交响曲》的乐章奏起时，是不是让你心灵深处的生命力也跟着澎湃起来？

贝多芬的一生，总是不断在挑战自己的生存意义，因为在他的人生当中，几乎没有一刻是顺遂的。

甚至对一位音乐家来说最重要的听觉，在他 27 岁时也开始渐渐衰退，他大部分乐曲，几乎是在这之后写成的，包括令人荡气回肠的《命运交响曲》。

在描写贝多芬一生爱情及音乐过程的电影《永远的恋人》里，可以看到贝多芬在人生的痛苦挣扎中，不断地将他度过痛苦之后升华的情感，创作为优美动人、激动人心的音乐，感动后世许多人。

贝多芬在耳聋后曾经写过这样一段话："耳鸣夜以继日地无休无止，我的生活真的不幸极了。对于我的工作，这病症太可怕了。"又写道："身旁的人听到远处飘来的笛声和牧人的歌唱，我却一点也听不到，我失望极了，几次想要了此残生，但对艺术的向往之情阻止着我。"

如果他被命运打倒了，那我们就永远不会知道贝多芬这个人，也无缘听到他伟大的音乐，更不知道一个人的生命力可以如此惊人，即使失去听觉，活在没有幸福的日子里，仍然能够创作出带给人幸福的美丽乐章。

就像前任 *ELLE* 杂志总编辑，在他中风之后，居然可以用一只眼睛，以眨眼的方式，写出一本叫《潜水钟与蝴蝶》的书。

如果不是因为他愿意冒险挑战自己的极限，没有人能够了解一个重度中风患者的内心世界，甚至因为他的书而得到鼓舞。

即使是对生命平顺的人来说，不断地向生命中真实的、困难的、不容易达成的事情冒险，都是体认真实生命，找到存在于内心那种澎湃感觉的最好方法。

路过台北市南京东路、敦化北路口的环亚百货，你会发现这里不一样了。

让环亚改头换面的"整形大夫"是环大开发总

经理杨孟霖。很少人知道杨孟霖大学念的是艺术系，大学毕业后当过六年艺术家，过着苦行僧般的生活。

22～28岁，过着艺术家生活的杨孟霖成天想着人存在的意义，过着简单而清苦的生活。他只有两条裤子、两件衬衫，每天吃花枝（花枝在美国是最廉价的蛋白质），自己钉画框、拉画布。画布上的颜色永远只有黑、灰和白，日子忧郁而沉闷。

长达六年的艺术家生活，让杨孟霖觉得每天陷在自己的情绪和感觉中并没有好处，于是他毅然结束这段闭门造车的生活，到哈佛念建筑研究。毕业后，他到贝聿铭建筑事务所工作。

杨孟霖觉得，过去当艺术家只是一味抽象地思考，欠缺实际的经济活动，这样的生活并不完整，他的"纯艺术家"梦想至此完全画上休止符。

回台湾后，他从东帝士总裁陈由豪的特助做起，从事房地产及国外开发，这是更实务方面的操作，他进一步学习一家公司如何建立制度。因为实际生活的冲撞冒险，让杨孟霖真正找到自己存在的价值和乐趣。

"冒险"便是感觉生命日渐苍白的人，发现自己存在价值的最佳方法。

冒险者的永恒信念

　　"冒险"便是感觉生命日渐苍白的人，发现自己存在价值的最佳方法。

冒险就是乐趣

　　大部分人听到"冒险"，可能已经开始全身冒冷汗，更有甚者可能开始发抖，血脉贲张、口吐白沫，怎么还有人觉得冒险有什么乐趣呢？

　　大部分人听到"冒险"，可能已经开始全身冒冷汗，更有甚者可能开始发抖，血脉贲张，口吐白沫，怎么还有人觉得冒险有什么乐趣呢？

　　如果把冒险想成像坐云霄飞车一样，那的确是每个人的反应都不一样。

　　可是，冒险的种类很多，不见得每个冒险都是云霄飞车型的。也许这些冒险反映在某些人身上，会像是注射了兴奋剂一般，欲罢不能呢！

　　只是，如果没有亲身尝试这种冒险的感觉，怎么能够了解其中的乐趣呢？就像玩电脑游戏一样，据说目前销售量最好的，都是那些跟冒险有关的游戏。

　　设计游戏的人费尽心思，就是在制造许多冒险的机会和关卡，而许多热衷于电脑游戏的玩家，最着迷的也就是突破这些人为障碍之后所获得的成就感。

　　如果这些游戏里面没有一点冒险的设计，或是一些不确定因素，恐怕就不会有人有兴趣玩下去了吧！

　　虚拟的电脑游戏世界是如此，也有人将现实世界的挑战当作游戏，这些人通常都会成为人生的超级大玩家和大赢家。

　　身为台湾最年轻的富豪，也是最赚钱车厂的副董事长严凯泰，就是个乐在冒险的人。

严凯泰的冒险创造

　　在 31 岁时，严凯泰接掌了如同得了慢性病的老人般的家族企业，肩负起振衰起敝的重责大任。

　　这个原本亏损新台币二十余亿元的裕隆车厂，在严凯泰大胆冒险改造，跟着员工搬到三义，实行厂办合一，辛苦打拼之后，终于翻身成为最赚钱的车厂。

　　严凯泰觉得，自己最快乐的日子，不是现在，而是 1996 年裕隆开始推动厂办合一初期，面临内外艰困的环境，大力推动企业再造的日子，看它从跌倒再爬起，他深刻感受到人生的价值。

全球最知名的企管顾问公司麦肯锡，网罗了众多优秀的企管顾问人才。照理说，拥有这么多炙手可热的人力资源，应该要有些方法留住人才吧！

偏偏麦肯锡靠的不是柔情的福利攻势，而是反其道而行，用高难度的工作来吸引员工。他们只为全世界最大公司的总裁，解决最困难的问题，并且抱持着"不遵从规则，改变规则"的冒险原则工作。

结果反而因为工作的丰富挑战性，让这些有能力的人感觉到工作的乐趣，而愿意留在麦肯锡，并且感觉自己日日有所成长。

用冒险替代无聊的著名女性飞行家

白芮儿·玛克罕和首位驾机横越大西洋的女性飞行家阿梅妮亚·艾尔哈特（Amelia Earhart，1897—1937），以及第一位独自驾机从英国飞抵澳大利亚的女性艾蜜·约翰逊（Amy Johnson，1903—1941），并列为历史上三位最著名的女性飞行家。

白芮儿曾表示，她直到迁居伦敦后，才明白什么叫作"无聊"。白芮儿眼中的非洲"具备所有的面貌，却从不枯燥无聊"。

在她以1920—1930年的肯尼亚为背景的自传中，

收集了发生在她的两项最爱——飞机与马上的各种迷人逸事。白芮儿以非常动人的文字，铺陈出她在非洲度过的童年、她参与狩猎的情景、她与当地土著的情谊、她训练宝马的过程，以及她独自驾驶单翼双座木螺旋桨飞机，在英属东非从事职业飞行，并代替狩猎队搜寻大象踪迹的往事。另外也详细描述了她从非洲驾机回英国，沿途所遭遇的政治和自然险阻。最后更记录了她在 1936 年 9 月独自驾机从英国飞越大西洋，直抵加拿大的经过。

所以白芮儿的"无聊"，绝对不是随便说说的。因为身为冒险家的她，深深体会过冒险的乐趣。

尼采曾说，人生中最沉重的负荷便是：假如有个恶魔在你十分孤独寂寞的夜晚闯入，并对你说："人生便是你目前或往昔所过的生活，未来仍将不断重演，绝无任何新鲜之处。每一样痛苦、欢乐、念头、叹息，以及生活中许多大大小小无法言传的事情，皆会再度重现。而所有的结局也都一样——同样的月夜、枯树和蜘蛛，同样这个时刻的你我，也是未来那个时刻的你我。存在的永恒沙漏将不断地反复转动，而你在沙漏的眼中，只不过是一粒灰尘罢了。"

那个恶魔竟敢如此胡言乱语，难道你不会愤愤不平地诅咒他？还是，你或许会回答他："你真是一个神，我从未听过如此神圣的道理！"假如这种想法得逞，那么你就已经被恶魔改造，甚至被碾得粉碎。

一切的症结在于："你是否想就这样一成不变地因循苟且下去？"这个问题对你是一个重担！

是否，你宁愿安于自己和人生的现状，而放弃追求比最后之永恒所认定的还要强烈的东西呢？

尼采这样对平凡人生的探问，真是令人为之一惊。因为，放弃了冒险，不仅是放弃了一种强烈的东西，而且还放弃了生命中最大的乐趣，那是多大的损失呀！

冒险者的永恒信念

　　放弃了冒险，不仅是放弃了一种强烈的东西，而且还放弃了生命中最大的乐趣，那是多大的损失呀！

冒险使人认识真正的自己

尼采曾说："在我们之间，连那些最有勇气的人，也鲜少有勇气去认识真正的自己。因为'自己'并非隐藏在你的内心深处，而是在你无法想象的高处，至少是在比你平日所认识的'自我'更高的层次里"。

托斯卡尼尼

在一次演出前的访问中，曾获得柴可夫斯基大赛等重要音乐奖项的小提琴家薛伟说道："艺术的付出可能一辈子都没有回报。"

因为这个社会充满太多诱惑，可以让人立即得到许多名利双收的机会，所以，太少人愿意投身在真正属于自己喜爱的领域当中。特别是像艺术这样浩瀚无际，却又难寻知音的行业，愿意投身于纯粹艺术领域的人就更稀少了。

可是，薜伟所说的"艺术"，对人类而言可能只是个人理想的其中一端。对于追求、认识真正的自我，恐怕也是非得要竭尽一辈子的心力冒险，才能真正认识的。

尼采曾说："在我们之间，连那些最有勇气的人，也鲜少有勇气去认识真正的自己。因为'自我'并非隐藏在你的内心深处，而是在你无法想象的高处，至少是在比你平日所认识的'自我'更高的层次里"。

可是，大部分人，即使是像托斯卡尼尼这样具音乐天分的人，都有可能会因为安于原本的选择，没有冒险的机会，而错失认识自己真正的才华。

托斯卡尼尼原本主修大提琴，他的记忆力非常好，只要是练习过一两次的乐谱，他就能背谱演奏。

19 岁时，他随乐团到巴西的歌剧院演奏。有一次，正要上演威尔第的"阿依达"，由于一连串的临时事故，两位指挥都无法上台，同事就在这个紧要关头把托斯卡尼尼推上了台。

这一次的演出，虽然观众都不认识这位年轻的指挥家，可是，全场都被他精湛的指挥能力所折服，于是一代伟大的指挥家就此诞生。

这就是我们所熟知的意大利著名指挥家托斯卡尼

尼，意外冒险发现自我的经过。

林奈

对瑞典植物学家林奈来说，认识自己的道路早已展开在眼前，可是，要真正发现自己能够创造多么伟大的自我，却不是件容易的事情。

发明"二名法"为植物分类的林奈，从小就对花有莫大的兴趣，长大以后，他的父亲希望他做牧师，可是他不愿意。

后来虽有一位医生愿意负担所有学费让他学医，可是，他还是改行学植物学。

事实上，为了研究植物，他常常带学生到处去采集植物，不辞辛苦走很远的路。这样的工作远比现成的牧师和医生的道路都还要辛苦，可是，对林奈来说，若不是在植物的世界中，他就不是林奈。

而没有林奈，我们对于广大的植物世界，恐怕仍然没有一个明确的定名足以提供沟通和研究呢！

花木兰

看看迪斯尼电影重新诠释的《花木兰》，这个大家熟悉的代父从军故事，让我开始佩服起这个勇敢的女子。

电影中有一段关木兰对于"自己到底是什么样的人",感到疑惑和踌躇的情节描述。这样犹豫的心境,相信你我都经历过。

可是,木兰选择了一个从未有人挑战过的事情——当兵作战,用这个上天意外赋予的机会来认识自己。在磨炼当中,她发现自己的确有某方面的本事。

那么,对于不满于目前自己的你我,是不是也该给自己冒险的机会,看看完全展现热情活力的自己,能够如何发挥得淋漓尽致呢!

冒险者的永恒信念

　　艺术的付出可能一辈子都没有回报。

在冒险中得到自我成长

> 只要能鼓起勇气，冒险爬过这座风雪的失恋小山，那么我也就等于更坚强勇敢些了呀！

托尔斯泰曾说，人类在濒临危险的时候，心里常会出现两个力量相等的声音。

其中一个声音会语重心长地说："你该想个办法来认清这个危险的本质，然后远远地逃离这个危险。"

另一个声音则更语重心长地说："感觉到危险正一步一步地逼近，这是非常辛苦的，而且看清所有的事情，然后远离事情的所有发展，根本用不着人类的力量。所以，在危险还未真正来临之前，不要去想痛苦的事，只要想着快乐的事就好了。"

在世界三大男高音之一——卡雷拉斯刚发迹的时候，就常常在心中响起这两种建议的声音。

只要想做的事，没有做不到

不知道为什么，指挥家卡拉扬特别用心拔擢卡雷拉斯。可是，在这位被号称"只要想做的事，没有做不到"的伟大音乐家看来，并不是一件轻松的事情。因为他总是提出不可能的计划——他要在萨尔兹堡的节庆节目里，演出威尔第的歌剧"阿依达"，而且要卡雷拉斯演唱剧中拉达梅士（Radames）的角色。

这件事情在还没完全确定之前，大家就议论纷纷了。因为大家都认为如果让卡雷拉斯来演唱这个角色，实在还太早了一点，这样会对他的声音造成伤害。

事实上，卡雷拉斯也有自知之明，了解要演好拉达梅士这个角色并不是那么容易的，而且对自己来说是一种冒险。他陷入了演与不演的抉择中。

和卡拉扬仔细讨论之后，卡雷拉斯终于认清了，扮演拉达梅士不是一味地卖力、使劲地唱，而是要表达一个敏感恋人的内心感情。于是卡雷拉斯接受了这个角色，并且愿意在卡拉扬的指挥下冒这个险。

当然，卡雷拉斯经由这次高难度表演的身心磨炼，让他对于诠释歌曲的能力有了更大的进步。

　　幸好，有卡拉扬适时地起了推波助澜的作用。正如托尔斯泰所说的一样："人在孤单的时候，大多会听从前者（逃避）的声音；在人多势众的时候，则会听从后者的声音（退一步，发现行动的可能性）。"

　　一个人能够在冒险的时候得到适时的协助，并不是容易的事情，可是，什么是协助呢？

　　事实上，在人生中，所谓"协助者"，正是给予无情挑战的人。

因冒险更坚强

　　发明牛痘的金纳医生年轻的时候，曾经经历过一段刻骨铭心的失恋。但是身为医生的他，即使在内心最悲痛的时刻，仍然需要在大风雪的天气，越过山丘，到另外一个村子行医。

　　眼前的许多困难，对照他内心的痛苦，他不禁心生退却地自问："要过去？或是干脆回家算了？"

　　"可是，就算我这么辛苦地为人看病，我心情的伤又有谁能为我医治呢？"

　　不过，他旋即又想："是呀，就像这场大风雪一样，人生中很多不幸的事情，根本是不可能躲过的。

我再这样自怜自艾下去，只会让我永远无法跨越心中那座失恋的小山而已。"

"所以，只要能鼓起勇气，冒险爬过这座风雪的失恋小山，那么我也就等于更坚强勇敢些了呀！"

这就像尼采所说："就像一棵将成长为巨树的嫩芽一样，你必须有勇气去克服杂草、瓦砾与害虫的侵袭，才能获得光与热，以及那充满爱的雨水的滋润。"

冒险者的永恒信念

　　所以，在危险还未真正来临之前，不要去想痛苦的事，只要想着快乐的事就好了。

冒险才能得到特别好的东西

> 如果那李子是甜的，就不会在这么容易被发现的地方，还留有那么多果实了。

竹林七贤之一的王戎，从小就是个超级世故的孩子。

这话怎么说呢？有一次，王戎跟邻居小朋友出去玩的时候，竟然发现了一棵果实累累的李子树。贪吃又顽皮的孩子们都玩得又饿又渴，当然不会放弃这个吃李子的大好机会，纷纷努力地爬上树去摘李子。

偏偏只有王戎气定神闲地坐在那儿，一动也不动地纳凉休息。

路过的大人问他："为什么不像其他小朋友一样去摘李子呢？"

他这才慢条斯理地说："如果那李子是甜的，就不会在这么容易被发现的地方，还留有那么多果实了。"

果然，他一说完，最先摘到李子的小孩，刚把李子放进嘴巴就后悔了，果然是又酸又涩的李子，怪不得没有人吃。

因为好东西通常都不是那么容易可以得到的。在日本本州冈山县，65岁的梅田郁男就特别能够体会这种事。

梅田是有名的钓鳖高手。他说鳖的听力和眼力很好，几乎没有任何鱼类可比。因此要在大老远的地方搜寻锁定鳖的踪影，然后偷偷地摸到附近下竿，以免把它吓跑。

因为野生的鳖滋味特别鲜美，价钱是养殖场肉鳖的好几倍，吃鳖进补又是日本人夏天消暑的秘方之一，所以他的这套绝技也就特别受到珍视了。

对于以谋略见长的诸葛亮来说，他也不随便用容易的方法来"钓"敌人哦！

诸葛亮的"七擒七纵"

诸葛亮为了蜀汉的安定，积极地想要招降西南边陲经常来扰的孟获。可是，孟获这个人可不是个容易对付的家伙。

因为他就是不服气。

不服气什么呢？他就是觉得不是诸葛亮运气好，就是用计谋骗他，才会让他失败。于是，他死也不肯招降。

如果是一般人，大概会对孟获这样令人头痛的家伙深恶痛绝，恨不得把他一斩为快吧！

可是，诸葛亮却不这样想。只要孟获一觉得不服气，诸葛亮便亲自把他给放了。就这样捉了孟获七次，又放了他七次，最后诸葛亮终于成功地"钓"到了孟获的心，让他甘心臣服于蜀汉，再也不扰乱边境，乖乖顺服。

这样"七擒七纵"的例子恐怕是"前无古人，后无来者"吧！毕竟要抓住敌人已经不容易，更何况是抓住之后还要放走，而且，还重复七次，一次比一次更困难。可是，就是因为要得到最好的结果，所以，诸葛亮知道，这一招是非冒险试试不可的。

就像中国古代传说中，农业和医药的发明者神农氏，若不是因为他肯冒险，亲身尝试草木的疗效，又怎么能为人治病呢？当然，他也因为这样的冒险，曾经在一天内中毒七十次。

世界上许多对未知的恐惧，一直是人类进步的阻碍。可是，就是因为有这些像神农氏这样勇于冒险的人，为人类开启了不同的境界，也才使人类往前跨进一大步。

好东西不是那么容易可以得到的，就是因为要得到最好的结果，所以，非冒险不可。

冒险者的永恒信念

好东西不是那么容易可以得到的，就是因为要得到最好的结果，所以，非冒险不可。

冒险能扭转劣势

> 很多人在运气不好的时候喜欢求神问卜，看能不能"大事化小，小事化无"，要不然能够出现个贵人或是转折点也行。其实，这个改变命运的契机，常常掌握在自己手上。

很多人在运气不好的时候喜欢求神问卜，看能不能"大事化小，小事化无"，要不然能够出现个贵人或是转折点也行。其实，这个改变命运的契机，常常掌握在自己手上。

总是喜欢在最绝望的时候，把古典音乐放得很大声，即使是在夜阑人静的夜里（还好房间的隔音效果不错，还没有被邻居抗议过）。

并不是要代替怯懦的自己向命运呼喊，而是为了记起电影《刺激1995》中主角被判终身监禁之后，仍能保有对于生命的坚定信念，不仅在心情上早已逃出监狱的禁锢，最后真的脱身逃狱，去了他梦想中的海边长居。

生命不尽如人意的时候总是比较多的，可是，所谓生命力，也就是在遭到命运禁锢的时候，能够破茧而出的力量吧！

从危机中扭转劣势

在中国历史上，皇帝被挟持一向被认为是国破家亡的代名词，可是，明英宗时的兵部侍郎于谦却不这么想。

瓦剌的首领步步逼近，英宗率五十万大军讨伐。偏偏英宗的运气不好，不但打了败仗，自己还被瓦剌挟持，这就是有名的"土木堡之变"。

因为这样的危机，让朝廷上下失去了斗志与信心，朝臣纷纷主张南迁避祸。唯独于谦敢于面对挑战，他极力主张另立皇帝，面对敌人不可退却。

没想到，这一招居然奏效。明朝的军队重新整装，果然打败了瓦剌的部队，瓦剌也觉得留着人质明英宗没用，就把他放了回来。

同样的，在日本的"承久之乱"中，幕府军往京都开进的途中，被来势汹涌的宇治川所阻挡，一般人遇到这样的情况，大概怨天尤人一番，就准备大打退堂鼓，心里都要凉半截了。

可是，当时有位英勇的战士佐佐木信纲打头阵策马渡河成功，其他幕府军见状，纷纷受到激励，也就鼓起勇气前进，终于打败了鸟羽天皇。

改变方向才不会原地踏步

春秋时代郑国的烛之武，曾被派去秦国做说客，阻止秦国攻打郑国。

可是，烛之武一到秦国，在城门前就被士兵阻挡下来，根本进不去，更不要说当说客，为郑国解除亡国危机了。

可是，烛之武当然不是拍拍屁股打道回府，一到晚上，他便用绳子将身体悬在城外，并且放声号啕大哭起来。

果然多做点事，冒点险是对的，因为士兵受不了这老家伙胡闹，便把他带到秦穆公面前，问他为什么哭。

烛之武心想，诡计终于得逞，于是便说道："我为郑国哭，同时也为秦国哭。"

他把秦郑两国邻近的关系做了说明，一旦郑国被灭，秦国的力量也等于被削减，这是非常危险的事情。

秦穆公一听觉得有理。烛之武又继续提到秦郑两国共同协防敌国的计划，这不但让秦郑两国原本的紧张关系一笔勾销，还彼此结盟，让郑国的国防更加巩固。

无怪乎烛之武在《左传》中享有一席之地，因为他是能够冒险扭转劣势，甚至化危机为转机的人。

有句谚语说："假如我们不改变方向的话，就可能原地踏步。"如果能够改变目前正在做的事情，冒险用不同的方式，那么，就算不会成功，至少也不会陷入同样的胶着状态，还有可能扭转劣势呢！

冒险者的永恒信念

假如我们不改变方向的话，就可能原地踏步。

冒险才能实现梦想

托尔斯泰曾在他的小说中这样写道："她在她的人生当中，完成了最灿烂、最伟大的事业。也就是说，她毫无悔意，毫无恐惧地死去。"

托尔斯泰曾在他的小说中这样写道："她在她的人生当中，完成了最灿烂、最伟大的事业。也就是说，她毫无悔意，毫无恐惧地死去。"

这短短的一段话，述说了人与梦想之间最完美的关系。

不过，在这个过度理性的时代，梦想变得遥不可及，因为所有的梦想在理性节选之后，都变得没有实际的"价值"，属于银行不可能提供创业贷款的想法。

这就无怪乎西班牙名著中堂吉诃德的骑士精神，能够在每个时代都始终不坠。因为在阅读的人嘲笑堂吉诃德的愚蠢之际，这本名著也跨越各个时代，反讽那些嘲笑他的卑鄙怯懦、失去理想的人。

就是因为梦想只是梦想，所以，才更需要冒险的勇气作为后盾。不然，人生如此短暂，一踌躇思索，便要错过了时机，无从实现梦想了。

班超投笔从戎屡战皆捷

对于东汉的班超来说，的确是"实现梦想的机会只在那一瞬间"的最佳印证。

出身书香门第的班超，却从小立下保国卫民、跃马提枪的志向。他还经常向当朝大将军窦固请教兵法和武艺，并且得到窦将军的倾囊相授。

当匈奴不断叩边关、进犯中原之际，偏又传来前方大将失利的消息。于是，窦固急着招兵买马。班超一听到消息，便自告奋勇参加，可是，窦固要求他要得到家人的同意。

这对班家来说，真是从没有想过的事，况且在长于写文章的班家人想象中，上战场恐怕是非常危险的事情吧！

可是，班超坚定的信念，感动了他的手足们，并且当他在母亲面前舞剑时，充分展现出平素练习的成果，这才让母亲放心，准许他上战场。

果然"投笔从戎"的班超屡战皆捷，并且与西域五十多个国家达成和好的协议。

如果班超不是真的冒险参加讨伐匈奴的战事，或许还不能知道自己能创造这么大的战功呢！

比起班超在冒险之前还征得家人的同意，台湾前辈画家杨三郎可就没办法这么做，因为他知道家人是不可能让他完成到日本学画的心愿的。

于是，他为了完成这个梦想，平日就开始努力存钱，并且偷偷地订了到日本的船票，带着妻子的祝福及私房钱，就这样偷偷地到了日本。

不过，他一上船，想到关心他的家人，便开始后悔自己不告而别的行动。于是，杨三郎在船上便迫不及待地打电报回家，告诉家人自己擅自决定的莽撞行为。

杨三郎为艺术冒险远渡重洋

没想到，他的家人因为他的这番举动，深深地了解到他学画的强烈动机，既然无法劝阻他，于是，干脆鼓励他好好学习，还继续资助他生活费及学费。

　　杨三郎这一趟学画的路途跑得可远了，不但到了日本，后来更到了艺术之都巴黎，并在当地创作了许多作品，在日本占据时代的台湾，能够到巴黎学画的，也不过才四个人而已呢！

　　江户时代的戏剧作家，同时也是日本最伟大的戏剧家近松门左卫门，虽然出身贫穷，但至少也是在社会上地位最高的武士之家，可是他却选择戏剧这个社会地位最低的行业。

　　他的举动不但令周围的人非常吃惊，他当医师的弟弟甚至还不齿地对他说："我希望你停写无聊的净琉璃（傀儡戏）剧本。"

　　门左卫门只是回答说："医书里最微小的错误都会要人命，我的书却不会。"

　　门左卫门将戏剧的架构引进传统舞台艺术中，对于日本戏剧的影响很大。如果他没有冒险走出自己高贵的阶级，选择他喜欢的戏剧，也许今天的日本戏剧会因此而暗淡许多呢！

　　正如我的一位朋友所说，他在他的工作上已经尽了全力，无愧于心，所以每天可以安心地睡觉。这些愿意冒险实现自己梦想的人，想必也都是微笑着上天堂的。

冒险者的永恒信念

　　在工作上已经尽了全力，无愧于心，所以每天可以安心地睡觉。

冒险才能获得自由

> 每个人都有趋吉避凶的本能，对于危险的、令人害怕的、恐惧的事物，想办法逃避得远远的都还不及，可是，还是有些人会冒险地反其道而行，偏偏要往危险的地方去。为什么呢？

每个人都有趋吉避凶的本能，对于危险的、令人害怕的、恐惧的事物，想办法逃避得远远的都还不及，可是，还是有些人会冒险地反其道而行，偏偏要往危险的地方去。为什么呢？

有人说，若是害怕看见尖的东西，多看就不会害怕。在医学上，也有依照这个原理来治疗过敏症的"减敏疗法"，对过敏的患者注射小剂量的过敏原，让身体渐渐适应原本会引起过敏反应的物质，久而久之，过敏的反应就会消失，病也就好了。

心灵经冒险重获自由

比弗洛伊德更早的英国性学大师艾里斯，是第一个有系统地收集人类性行为资料的科学家，他在1896—1928年间，陆续出版了名为《性心理研究》的系统专论，在当时保守的维多利亚时代，引起许多愤怒的指责，法院并将它列为禁书。

可是，艾里斯本人不但不是什么好色之徒，反而是个严重为性所苦的可怜男人。他是为了了解自己在性方面的苦闷而从事这方面的研究。

虽然他本人的性生活经验不尽如人意，但他在著作里面，却一再强调"性是自然而美好的"。他不怨天尤人，且有勇气面对自己的弱点，终于在他59岁的时候感受到性爱的乐趣。

体质上的缺陷，固然需要冒险才能获得自由。那么，在与人相处的言行上，要获得真正的自由，也非得要有冒险的精神不可。

美国总统华盛顿在幼年的时候，因为无所畏惧地诚实向父亲供出自己砍倒樱桃树的事情，得到了说实话的自由。有句格言说："诚实可为你带来真正的自由，因为你无所隐瞒，也无所畏惧。"

　　如果华盛顿那时候世故一点，费尽心思地隐瞒自己做错事的事实，也许可以躲过一时，不被父亲发现自己闯的祸，可是，在心理上，却不可能安稳，甚至说不定一辈子都会因为这件事情的经验，而有不敢说实话的阴影，因为他没有享受过冒险说出实话的自由果实呀！

　　上述的冒险，只要诚实地面对自己就够了。可是，有些自由却是要凭着更大的魄力和勇气，冒更大的危险才能够获得的。

　　就像歌德所呼喊的："猜疑的想法、不安的踌躇、犹豫的脚步、可怜的投诉，绝不是拯救悲惨之道，绝不能让你恢复自由之身。抵抗暴力、坚强地挺立、不齿屈服、奋战到底，你才能呼喊，要诸神伸出神圣救援之手。"

　　缔造法国第五共和国，并担任过法国总统的戴高乐，就是个坚强的冒险硬汉。

　　1940 年夏天，德国侵入法国，法国贝当总统很快投降，可是戴高乐选择逃到伦敦，他说："法国只是打了一场败仗，而不是打败了整个战争。"

　　于是在第二次世界大战期间，戴高乐在国外领导自由法国运动，不屈服、不投降，抵抗德国到底，终于获得胜利，恢复了法国的光荣与国际地位。此后大约三十年的时间，他一直是法国人的精神领袖。

李斯冒险"谏逐客书"

秦朝的宰相李斯并非秦国人，他曾因为同为外国人在秦朝为官的同事闯祸，而即将遭到被驱逐的命运。而且不止李斯，秦王对于所有的外籍人士一律改采不信任态度，禁止他们再入秦国。

在秦国的发展已经步入坦途的李斯，当然不能眼睁睁地看着自己的努力白费，于是，他冒险呈上"谏逐客书"。

李斯在文中恳切提到，秦国过去因为善用六国人才，而能够渐渐居于霸主的地位。若是因为一件小小的意外，而失去对"外籍兵团"的信心，那恐怕只会使过去的努力毁于一旦。

没想到，李斯这篇文章居然奏效，而让他能够继续安稳地在秦国奠定他的政治地位。

试着想想，要让自己自由，的确是要冒一些未知的危险，这也未必那么困难，可是，得到的结果却很好，那么，何不试着冒个险，给自己更好的环境呢！

冒险者的永恒信念

　　诚实可为你带来真正的自由，因为你无所隐瞒，也无所畏惧。

CHAPTER 3

从危机中逆转再出发的
冒险精神

冒险就是多进一步

可是，对冒险成功的人来说，不仅要努力做好分内的事情，而且最好能够多进一步才行。

你是不是从小就被这样教导："做好自己分内的事情就好，不要多管闲事。"

也许连要把自己分内的事情做好的能力都不够了，更何况还要多做些什么呢？

可是，对冒险成功的人来说，不仅要努力做好分内的事情，而且最好能够多进一步才行。

多年来始终在世界富豪排名中获得前几名的新光集团，以寿险起家的大家长蔡万霖，教导后辈的一件最基本、也最重要的事情就是：不但要认识这个人，而且要认识他周围的人。

因为如果需要让这个人做一个大决定，通常在他身边的重要人物可以发挥很大的影响。

所以，在人际关系上，能够更进一步，便能够如入虎穴，哪有得不到虎子的道理呢！

人际关系上如此，在工作能力的培养上更是这样。

摩托罗拉台湾区总经理瞿有若，在办公室贴了这样一句话：Walk extra mile!（多走一英里）

冒险就是比别人多走一步

这位化学博士出身的总经理，每次有新的业务员报到，他就会和新人共勉一次："多走一步，不要怕麻烦、不要怕尝试，多进一步，往往会有意想不到的收获和发现。"

因为瞿有若就是身体力行者。当初在威斯康辛大学麦迪逊分校安安稳稳地做博士研究，冬天时还可以欣赏窗外结冰的湖面，偏偏电脑太热门，于是他决定再多念一个电脑硕士。结果让他发现了自阵通信领域的新天地。

著名的天文学家伽利略打破时代传统，进一步以"实验"的科学方法，打破亚里士多德的哲学玄想，从吊灯摆动的规律性，发现单摆摆动的原理，从而改变了人类计算时间的方式。

牛顿对于掉落在头上苹果的进一步思索，发现了万有引力定律，解开星球之间的运行原理。

发明全世界最经济的空气污染处理装置的苏文贤，在管理烟囱锅炉数十年，年届退休之际，因为一场及时雨，全身被雨水混合烟囱浓烟的污水淋湿，因而进一步想到，如果可以用类似下雨的装置，是不是也可以把烟囱的废气处理掉呢？

在苏文贤进一步的实验研究之下，竟然得到非常好的结果。目前，他的发明申请了世界各国专利，并且这个装置正在台湾各个角落积极地清洁我们的天空呢！

其实，冒险家只是多走一步的人，而你，同样也可以。

冒险者的永恒信念

　多进一步，往往会有意想不到的收获和发现。

准备，有以待之

冒险者的成功没有意外，这些都是长期以来像鸭子划水般默默努力的结果呀！

固特异是很有名的橡胶轮胎厂牌名字。固特异，同时也是出生在美国的一位发明家，他发明了硬化橡胶。在固特异的年代，橡胶已被很多发明家注意，想用来制造成各种产品。可是天然橡胶有很多缺点，冷天易裂，热天变黏，还会发出怪味。

固特异21岁时在父亲的五金行帮忙时，就对克服橡胶的这些问题发生了兴趣。他花了好几年的时间来研究，都没有成功。

1839年，固特异实验的时候不小心把混了硫黄的橡胶滴在火热的炉子上，第二天，他在冷却的炉子上发现那几滴橡胶已经硬化，他才知道他一直研究的问题竟然在偶然之中找到了答案。后来不断实验，终于发现冷热都无法影响这种橡胶的性质。

有人认为这是固特异的幸运，可是，生物学家巴斯德却说："在科学实验中，有充分准备的人，才有最佳的机会。"

守株待兔有时只是落空

冒险家并不是"守株待兔"，什么事也不做、等待机会上门的人。他们对自己想要做的事一直有所准备，等机会来临，就有最适当的表现。

著名指挥家卡拉扬 19 岁时，在一次"费加罗的婚礼"的演出中，原来的指挥突然生病，结果卡拉扬替代上任，没想到指挥事业从此一帆风顺。

华裔小提琴家林昭亮的经历也很类似，他也是因为代替有名的小提琴家谢林上台，而让世人发现他的精湛才华。

他们的成功并不是意外，而是长期不断准备练习的结果。只是，机会之神没有让他们的努力白费，给了他们冒险出头的机会罢了。

据说伟大的音乐家都有把练习当成休闲活动的习惯，连休息的时候都还是没有闲着呢！

声乐家卡拉斯，有一天傍晚在旅馆房间里练完了女武神的角色之后，觉得有一点儿疲倦，于是就顺手拿起清教徒的乐谱来唱唱，这时候，塞拉芬的太太正好在隔壁的房间打完电话，一动也不动地站在门口听卡拉斯唱清教徒当中的咏叹调。

刚刚那通电话正是着急的塞拉芬打来的，因为演唱清教徒的女高音卡洛西欧病倒了，塞拉芬虽然到处找人代替，却怎么样也找不着。

没想到，塞拉芬的太太才刚接完电话，一回头就听见卡拉斯在唱清教徒，于是，她请卡拉斯等塞拉芬回来后再唱一次给他听。

隔天，也就是卡拉斯要唱女武神的日子。可是，一大早，塞拉芬却要卡拉斯马上到他房里唱清教徒中的咏叹调给他听，睡眼惺忪又困惑的卡拉斯唱完之后，塞拉芬对她说："一个星期之后请你演这个角色！"

这下子，卡拉斯可是完全清醒了！她连连说不行，因为她还有三场的女武神要演出呢！而且，她连清教徒的剧情内容是什么都不知道。

可是，在塞拉芬的再三保证下，卡拉斯只有赌一赌了，她一边演出瓦格纳的女武神，一边又找时间排练白利尼的清教徒，一个星期之后，清教徒终于要公演了，虽然卡拉斯实在没有办法记住全部的歌词，但是她却成功了！而且，卡拉斯这次的成就，简直就被视为奇迹呢！

那一场清教徒的演出不但非常成功，而且更成为卡拉斯歌唱事业的转折点，甚至让卡拉斯从一个声乐演员一下子转变成为整个世纪的声乐家，成为饱受众人瞩目的歌剧明星。

冒险者的成功没有意外，这些都是长期以来像鸭子划水般默默努力的结果呀！是不是从现在开始，也为自己的冒险多准备一些实力呢？

冒险者的永恒信念

有充分准备的人，才有最佳的机会。

开放性的想法

　　凭着所有员工的创意，及实现梦想坚定不移的信念，迪斯尼能够不断地带给这个世界梦想与惊奇。

　　冒险者通常都是丰富的。不管是他们的心灵本身，或是从世界中得到的收获，我想，最重要的原因是，他们都是具有开放性想法的人，所以，可以把一般人想象不到的事情，转化为对自己有用的力量。

　　拥有开放的想法本身就是一个很大的冒险，因为必须跨出原本惯有的思想范围，到一个少有人到达的领域，这并不是容易的挑战。

　　还记得在网络上看过这样一个有趣却发人深省的小故事。

　　一只小鸟飞往南方过冬，因为太冷，所以它冻僵了并掉在一片田园中。当它躺在那里时，一头牛过来了，并排了一堆粪在它身上。

原本这应该是"屋漏偏逢连夜雨"的倒霉加三级的事，可是，当小鸟躺在这堆牛粪中，它开始了解到：原来牛粪是这么的温暖，牛粪使它温暖了起来。

它躺在那里感受到温暖与快乐，于是很快地唱起歌来自娱。

一只猫经过时听到这只小鸟在唱歌，于是走过来探寻。循着歌声，猫发现有只鸟在牛粪堆里，于是迅速地将它挖出来，并且吃掉了。

故事未了，还提供了启示：

（1）不是所有在你身上拉屎的都是你的敌人。

（2）不是所有将你从粪堆拉出来的都是你的朋友。

（3）当你身陷粪堆中，请闭上嘴巴。

虽然创造迪斯尼世界的沃尔特·迪斯尼以画卡通起家，可是，他却善于将他在画卡通时的无限梦想用在经营管理上。

或许他就是个最会幻想的梦想家，因此沃尔特会鼓励他旗下的技术人员以及其他上百名员工，尽情地发挥自己的想象力。

他知道，一家公司的各个层级里都会有不少的创造力宝库埋没其中，只因从来也不会有人想过要去开发、利用它们。很多公司通常会为了一个特定的目的而雇用一名员工，之后，就永远把这名员工定位在这个位置上——这是大多数公司的正常做法。

不过，沃尔特的做法则截然不同。他不但欢迎所有的员工都能提供自己的点子，并且还积极地让这些想法变成现实。

有梦想才有创意，而创意则会带来革新，这正是每一家公司的活力源泉。不过，沃尔特很本能地了解，在创意成功地转变成革新之前，一定要有坚定不移的信念做后盾，对自己的原则、周围的伙伴与员工，甚至是顾客，都要有这样的一股信念。

所以，凭着所有员工的创意，及实现梦想坚定不移的信念，迪斯尼能够不断地带给这个世界梦想与惊奇。

挑战自己既有的想法不容易，那么，要宽宏大量地接受别人挑战自己的权威，更是一大冒险。

在中国历史上缔造出"贞观之治"的唐太宗，是个以努力开放心灵，接受劝谏而著名的人物。甚至，让长孙无忌非常惊讶的是，太子居然也敢于在唐太宗盛怒的时候进言劝谏，这可是自古以来没有人敢做的事情呢。

试想，身为平凡人的我们，对于别人的建议听进去多少，更不要说在气头上的时候，有人还给什么烂建议了（在那时即使是很好的建议，恐怕也听不进去，所以，再好的建议都变成烂建议了）。

更何况拥有至高无上权力的唐太宗，他大可只听好听的话，把那些老是对他表示不满、说他这不好那不对的人，全拖出去斩了。

可是，唐太宗不但一个也没斩（当然有时候他也会受不了那几个说话直到让人想发疯的忠臣），还能做到有人劝谏就奖赏。

于是，因为唐太宗能够广纳意见，修正一己的言行，才能够创造中国历史上前所未有的文治武功。

显然，对于许多经常因为自己一意孤行而陷入危机的人来说，换个方式，冒个险，让别人来挑战自己，广纳各方的意见，反而可以突破僵局，开创一番开阔的气象。

尼采说："必须不断地听取他人的自我——这也是所谓的读书。"

试着想想，你已经多久没有阅读周围的人和许许多多的好书了呢？这可是会影响冒险家的成功实力的哦！

冒险者的永恒信念

　　冒险者通常都是丰富的。不管是他们的心灵本身，或是从世界中得到的收获。

勇于相信自己的价值

就像灰姑娘变成仙女一样，每个人都可以因为相信自己的价值而成为自己的仙女，改变别人对自己的看法，成为真正的公主吧！

尼采说："那些被迫改变自己意见的灵魂，也终将无法逃避死亡。"简单地说，你如果连自己都不相信，那你已经提早完蛋了。

毕竟如果连自己都不相信自己，不支持自己的想法，那么，还有谁愿意相信你呢？难道还等着别人来说服你，你是一个有价值的人吗？（唉！那样当然也可能表示你对自己有另外一种自信，叫作"天生丽质难自弃"。）

毛遂自荐忠于个性

说起自信，那就不能不提"毛遂自荐"这个成语的主人公——毛遂先生了。

他是怎么从历史上冒出头来的呢?

"平原君先生,听说您要到楚国去,还缺少一个随从,就让我去吧!"毛遂自告奋勇地说。

平原君对他没有什么印象,就问:"你在这里当食客多久了?"

"三年了。"毛遂说。

平原君这下露出了不屑的表情,不过旋即委婉地说:"一个贤士的处世,就像锥子放进袋子里,锥头马上就会穿破袋子露出来。你在我这里三年,我都没有听说你有什么长处,我看,你还是留在家里好了。"

毛遂不放弃,接着说:"我是今天才请求被放到袋子里去,如果早点把我放到袋子里,那我早就把锥头露出来了。"

真的耶,果然毛遂就得到了这个出头的机会。

著名的广播人吕如中说到他能够主持自己的节目,也是因为毛遂的这一招。

同样是三年,吕如中在广播电台打杂,什么事都做过,可是,却苦于没有机会拥有自己的节目。于是,他主动向老板提起。

他说:"据说广播界的打杂期限是三年,而我觉得自己的能力也还不错。"

老板说:"那你在广播界待几年了?"

"刚好三年。"吕如中回答说。

就这样,老板答应了他,于是,他开始有了自己的节目,实现了他长久以来的梦想。

其实,这样的冒险看起来也没有很难嘛,不是吗?

总裁冒险心

以高中毕业的学历,却能够管理圆山饭店的严长寿,从一踏进社会,便相信自己是很有价值的人。所以,即使他当初只是担任打杂小弟的工作,却还是坚持穿西装、打领带,让自己看起来很专业。

我想,严长寿这样的冒险,即使在他的《总裁狮子心》一书大卖之后,仍然少有小弟像他这样勇敢,愿意相信自己的价值,而每天穿着笔挺的西装上班吧!

直到现在,严长寿还是常常用这样的心态鼓励员工,改变他们对自己工作的看法。别小看这件事,因为一个人的尊严和成就感,往往来自于自己对自己的看法。

餐厅里最不起眼的工作通常有两种:端盘子的服

务生和厨房里的厨师。

他们始终都不觉得自己的工作有多高尚，所以厨师往往穿得很邋遢、态度很凶，他不觉得自己需要包装、需要礼貌。端菜的服务生则是觉得自己做这份工作很委屈，总是没有笑脸。

于是，严长寿便跟端菜的服务生说："如果你只是把自己看成端菜员、点菜员，你不会看得起自己；可是如果你把自己看成顾客的'餐饮顾问'，对厨房菜色的特点、顾客的习性与品味都能有充分的掌握，替每桌客人都能设计一份独一无二的菜单，不仅你会觉得自己很了不起，顾客也会对你刮目相看，并且很依赖你的决定，因为你比他更了解这个餐厅的特色。"

就像灰姑娘变成仙女一样，每个人都可以因为相信自己的价值而成为自己的仙女，改变别人对自己的看法，成为真正的公主吧！

冒险者的永恒信念

那些被迫改变自己意见的灵魂，也终将无法逃避死亡。

跨界学习

> 年轻人不要太早决定自己的志趣，要趁着年轻多多涉猎自然、人文、科技方面的东西，多找机会到世界各地旅游。

冒险家的创意从何而来，他们为什么可以走到别人想到却没做到的地方呢？

因为他们原本就是习惯到处"乱走"，对什么事情都充满无限好奇心，很容易发现新领域，就毫无防备地投身进去的人。对他们来说，这不叫冒险，这只是他们丰富有趣生活的一部分罢了。

专家建议，若是平常的上班族，可以借由以下几种方法，来培养自己多元的视野与冒险的潜能。

（1）柔性思考，多角度阅读，可别只知道自己的专业，其他什么都不知道哦！

（2）看新闻报道不要偏食地只看一份报纸的财

经新闻，多翻阅几份，对磨炼自己对新闻的敏锐度绝
对有帮助。而其他的版面也应该浏览一番，往往会有
意想不到的有利情报。

（3）多和不同领域的人接触，听听各行各业的
工作概况和甘苦，能给予头脑新鲜的刺激、活化思
考，是培养情报收集能力的绝佳机会。

（4）至少学习一种外文，培养国际化视野及沟
通能力。

天才钢琴家李希特的老师诺伊豪斯曾说，他没有
什么可以教给这个天才的。

的确，他所能教给李希特的，是"音乐以外的
东西"。

什么是"音乐以外的东西"呢？其实，音乐是最
人性化的艺术，它是无形的、精神层面的，涉及所有
可以看到、听到、想到、闻到的一切。笼统地说，就
是人类共通的经验，恰巧，诺伊豪斯是这方面的巨人。

李希特说，诺伊豪斯可以说是俄国的托马斯·
曼。而托马斯·曼是 20 世纪德国文学巨擘，也是诺
贝尔文学奖得主，诺伊豪斯精通的不只是音乐，还包
括文学、绘画、历史等，具有非常广泛的人文素养。

因此，当李希特碰到诺伊豪斯，诺伊豪斯让他认

识的，是音乐里蕴藏的人文气息，音乐里蕴藏的人性！因此，李希特诠释的音乐能够深入人心，有很大的一部分原因是诺伊豪斯开启了他的视野。

而后，李希特不断填注内涵，随着年龄增长，随着经验丰富，音乐中深刻的内涵也就更加显得真实而不可动摇。他并且懂得如何在旧传统里看见新的生命，以自己的双手，重新塑造完美。而这些都是从他广泛的人文素养里孕育出来的伟大能量。

创立云门舞集的林怀民认为，年轻人不要太早决定自己的志趣，要趁着年轻多多涉猎自然、人文、科技方面的东西，多找机会到世界各地旅游。

因为 20 岁、25 岁以前所接触到的都是一辈子的东西，每个人应趁着年轻多培养自己的兴趣。找到有兴趣的事就一定要身体力行地去尝试，失败了再试别的。

不能光是坐在那儿发呆、幻想，这样永远不会发现自己真正喜欢什么。就好像舞台上的舞者，在灯光的照射下，个个舞姿优美，实际上每个人都汗流浃背、精疲力竭，不亲自尝试根本无法体会。

而什么都试试看，身体力行，便是冒险家迈向成功的第一步。

冒险者的永恒信念

什么都试试看，身体力行，便是冒险家迈向成功的第一步。

充实新鲜的刺激和活力

在这个远比"长江后浪推前浪"的速度更快的网络时代，每个人都在积极寻求一种踩在时代前端、永远领先的方法。因为一旦比别人晚一步，那等于是宣告永远不可能引领这个领域，成为先锋者，只能亦步亦趋地跟着别人的发展脚步前进。

在这个远比"长江后浪推前浪"的速度更快的网络时代，每个人都在积极寻求一种踩在时代前端、永远领先的方法。因为一旦比别人晚一步，那等于是宣告永远不可能引领这个领域，成为先锋者，只能亦步亦趋地跟着别人的发展脚步前进。

这也是一个寻求天才最热切的时代。因为天才被认为是人类发现新世界的冒险家。

据说达·芬奇是人类有史以来第一个全方位的天才。他不仅在艺术史上留下无数伟大的作品，同时对文学、哲学、科学、医学等各方面知识都有所涉猎及发现，从他留下来至今尚未完全被解开的笔记可以得知。

研究者认为，达·芬奇拥有七种天才，其中四种都是跟充实新鲜的刺激与活力有关的，如：

（1）好奇：对生活充满无穷的兴趣，毕生追求，学习不懈。

（2）感受：持续强化感官能力，特别是视觉能力，以追求生动的经验。

（3）包容：愿意拥抱暧昧、吊诡及不确定。

（4）全脑思考：在科学与艺术、逻辑与想象之间平衡发展。

搜尽奇峰打草稿

开创中国绘画新局面的画家石涛，也用同样充实新鲜刺激的方式，来为自己增添绘画的新素材与新的表现方式。在他的画录中，留下脍炙人口的建议："搜尽奇峰打草稿。"

从访遍中国名山的经历，参摹自然风景，熔铸成画面中前所未有的奇山异水，怪不得石涛能够把过去画家所缔造的丰富绘画遗产远远抛在后面，独领一代风骚。

法国的伏尔泰，其成就一直很难被定位成某一个领域的专家，不过，一般都不会否认，他是启蒙时代的重要领导人物。

伏尔泰一生做过的事情很多，单就写作来说，他所有的著作可以装成一百多册，包括悲剧、喜剧、诗、历史、短篇故事、小说，还有其他无法归类的著作和书信。他也曾参与法律审判，农业新方法的尝试，长丝袜工厂的建立等。

许多评论家说，伏尔泰的天才不但在于他涉猎广泛，而且，不管哪一方面他都可以很快上手，并且提出领导时代的方针，他可以把所有的事情都做得有声有色。不过，也许这也算是他的缺点，他通常是做出了出色的起头工作后，就把守成的工作交给别人。

因为他到过许多国家，并活跃于各个不同的领域，且勇于接受新知，冒险提出自己的解决方案，于是，他能够赢得这许多桂冠的荣耀。

成为引领时代的冒险家

怎么样才能成为引领时代风潮的冒险家呢？专家建议几个具体简单的方法，不妨试试看。

（1）每个星期给自己一个新的挑战，比方说换穿新款式的服装或改变房屋摆设，可以给人新的刺激，具有"自我启发"的功效。

（2）实际接触热门商品，思考其畅销的理由。

（3）放假时到热闹的地方去感觉时代的脉动。

（4）利用通勤时间做"定点观察"。曾经有皮肤科医师就是利用通勤的时间，观察了数百人的皮肤健康状况做成研究报告呢！有名的阿瘦皮鞋老板，也是因为在车站附近观察一般人皮鞋的款式，而成功地抓住了主流的皮鞋定位。

（5）在星期天阅读一周的报纸，对一个议题可以连接起"线"的层面，了解整个事情的来龙去脉。

冒险者的永恒信念

伏尔泰涉猎广泛，不管哪方面都可以很快上手，并提出领导时代的方针，把所有事都做得有声有色。

从别人的角度思考

　　为什么考不上美术学校的少年拿破仑，后来可以名
震全欧，为法国长期以来的专制王朝画下休止符，可
是，却也抵挡不住随后的兵败如山倒，惨遭滑铁卢的命
运呢？

　　为什么考不上美术学校的少年拿破仑，后来可以
名震全欧，为法国长期以来的专制王朝画下休止符，
可是，却也抵挡不住随后的兵败如山倒，惨遭滑铁卢
的命运呢？

　　因为冒险处于无所不在的危机中，所以，随时保
持一种对于周遭情势的洞察力是非常重要的。就像一
只窥伺猎物的豹那样的机警才行。并且，当情势改变
的时候，要像乘随顺时针旋转的帆船一样，顺着风向
及时转向，才不至于一着不慎惨遭灭顶。

　　后来的拿破仑，成为最独裁的法国皇帝，掌控下

的土地全部分配给自己的亲戚，当西班牙人造反的时候，他只相信敌人一旦投降，就会俯首称臣；远征俄国时也是这样，俄国军队不应战，但是后撤却不投降。

第二次世界大战时带领英国和法国赢得胜利的丘吉尔和戴高乐，及一向贯彻自己主张的英国前首相撒切尔夫人，之所以会失去权力的宝座，都是因为坚持己见，无法顺应情势改变所致。

坚持本位只会局限自我

这种坚持本位主义的人，只会将自己局限在愈来愈狭窄，并且必定失败的境地之中。

对松下幸之助和爱迪生两位电力时代伟大的贡献者来说，他们不断从别人的角度，看见自己努力的大目标，借着谦虚地探索，不断地引领人类朝向更幸福的路途迈进。

松下公司的创立者松下幸之助从利他的角度，孕育了他的"自来水哲学"。

一年夏天，松下幸之助在天王寺附近看到板车夫停下来，到路边的自来水口饮水。他觉得奇怪的是，居然没有人提出抗议，因为自来水是要用钱买的，公然盗水饮用，却被允许。

他在那一刻想到空气，更想到世界上的东西，只要无限量供应，就几乎等于免费，并且可以嘉惠贫民。

于是，他当下发现自己的使命，就是要把电器用品造得跟自来水一样多。

有了这个想法之后，松下从心底开始佩服自己的工作，于是，终于创造了松下电器这家大公司。

发明许多电器用品的爱迪生说，他的座右铭很简单，就是："我找出世界需要什么，我就去发明。"果然这样的努力方向让他为世界做出了巨大的贡献。

通过别人的角度修正自己

俄国文豪托尔斯泰经常讨论"放弃自我意识"的概念，让人可以更丰富地通过别人的角度，增进并修正自己。

他说："世上有那么多人，且每个人都不相同，用什么方法可以打破彼此的陌生？方法只有一个，那就是丢掉'别人'这个意识，不要想去和'别人'打交道，用自己心中与所有人心中的灵魂，彼此相连。"

　　同时，托尔斯泰也很惊奇地发现："为何有些人在和对手碰面时，很幸运地只见到他坏的一面，而无视于他所有的优点；而相反的，有些人只在对手身上找到优点，尤其是胜过自己的优点，即使那会成为紧紧刺痛他胸口的记忆。"

　　冒险家就算面对自己的失败，别人的成功，也始终相信，只要愿意改变方向，学习别人的优点，便可以从危机中逆转，得到胜利。因为这些在失败者面前展露成功的人，都能从其身上获得启示，而你发现了吗？

　　冒险处于无所不在的危机中，所以，随时保持一种对于周遭情势的洞察力是非常重要的。

冒险者的永恒信念

　　冒险处于无所不在的危机中，所以，随时保持一种对于周遭情势的洞察力是非常重要的。

不断创新

即使创新是需要拿过去的知名度当赌注，许多伟大的艺术家仍然相信冒险创新是必然要走的道路。

许多喜欢音乐的朋友都爱做这样的事情，就是发现未来的明星。在歌手还没有成名之前，就先买下他们的专辑，也许是为了证明自己的眼光，不过，还有一个很重要的原因——新鲜的味道。

刚出道的歌手，自我风格比较明显，创意也比较新鲜，比起已经红透半边天的超级巨星，因市场考量，被限制风格发展的情况完全不一样。

大部分的音乐如果有了商业的考量，创新就变成一种极大的冒险，因为结果是未知的。

即使创新是需要拿过去的知名度当赌注，许多伟大的艺术家仍然相信冒险创新是必然要走的道路。

不随着进步将被遗忘

《吕氏春秋》有段寓言故事：有一个楚国人涉江，他的剑从船上坠入江中，于是，他旋即在船边做一个记号，剑是从这儿掉下去的。等到船停了之后，就从这个记号往下寻找。想也知道，船已经走了那么远，做在船上的记号根本没有意义。

不管对歌手、艺术家或是一般人来说也是这样，我们就像是在船上的人，随着时代不断地前进，若是不注意周围的变化，只看到船本身，不随着进步，就会像那把掉落的剑，永远被遗忘了。

唐代柳宗元所写的"三戒"寓言中提到一个驴子和老虎的故事。

因为贵州境内没有驴子，所以老虎刚开始听到它的声音，看到它踢脚的样子，就觉得非常害怕，根本不敢靠近它。

可是，等到时间一久，老虎就发现，驴子的本领不过如此，于是就放胆地走到驴子身旁把它给吃了。

在人才辈出、竞争激烈的时代，如果没有不断进步，推出新的创意，很快就会变得像那头可怜的驴子一样，被敌人看扁并吞了。

20 世纪最著名的画家毕加索恐怕是深知这个道理的，所以，他总是说："我的风格就是变。"

毕加索和我们一般所以为的画家都是要等到死了之后，作品才会值钱的情况完全不一样。他不但年纪轻轻就享有名利，而且这样的名气一直持续到现在，都还很难有人能够打破他的纪录。

因为他总是不断地改变画法和材料，找新鲜的题材来画。对于其他的画家或是喜欢他作品的收藏家来说，他的变化太丰富了，想要了解和跟随就已经来不及了，有谁能够领先超越呢？

冒险创新才能走在时代前端

为什么一位出生于 20 世纪初，在芝加哥中下阶层长大的男孩沃尔特·迪斯尼可以创造出如此非凡的成就呢？

当沃尔特还是个美术班学生时，有一次，老师要大家以花为主题来画画，年轻的他在每朵花的中央都画了一张脸做装饰。

以现在的眼光来看，这可能是他绘画风格的特色；事实上，那也算是他笔下许多动画人物的先驱。

不过，当时沃尔特的老师可不欣赏这种离经叛道的作为，但是这位创意天才的幻想世界，后来竟让他成为历史上最出名的艺术家之一。

　　而今，迪斯尼的企业仍能不断地吸引全世界的儿童与大人，就是因为他们那无穷的创意。

　　就连充斥在大街小巷的漫画租书店，都在资讯时代的潮流下全面电脑化。甚至单单借书、还书的系统电脑化还不够，还增加上网等加值服务，成为游牧上班族的最佳移动办公室。

　　而且，一旦新形态的店家一出现，旧有的经营模式马上就受到考验。简单地说，谁都不能逃避冒险创新，若想走在时代的前端冒险是必然选择。

冒险者的永恒信念

　　新形态一出现，旧有经营模式马上就受到考验。谁都不能逃避走在时代前端的必然命运。

冒险家最舍得投资学习

以为抱着书包才能冒险的你，是否可以真正地放开双手，投入于社会学习的大冒险中呢？

恐怕很难想象，华人首富李嘉诚，目前在全世界24个国家都有投资，产业横跨地产、金融、百货、运输、电力与高科技的巨大版图，他的发迹居然是靠着产销塑胶花。

这位富豪为了回馈社会，不取集团分毫，用自有的财产，在十多年间掷下40亿港币的巨资，建大学、济贫病、奖助学术研究。

对15岁就因父亲过世，被迫失学，担起养家责任的李嘉诚，早年失学的经验，反而让他一辈子求知若渴。他深信知识可以改变命运，所以勤于阅读，尤其偏好科技与哲学作品。

勇于冒险投资

对他来说，知识让他得以在遇到金融风暴、政治危机的时候，化危机为转机，勇于冒险投资，于是，缔造了今天庞大的事业。

相较于李嘉诚投资于民族的学习，当然，对于个人来说，要创造非凡的成就，也非要冒险投资自己于学习上。

台湾的顶尖行销员都坦承，自己每年花在投资学习上的花费惊人。

连续两年成为保德信人寿顶尖业务员的游文伶说，她入行七年，自掏腰包的自我教育训练费用将近一百万元。她听的课程，从税法、信托法、讲师训练课……可说是应有尽有。

从事寿险业务达十年的南山人寿经理李建升，去年的业绩是1600万元，较上一年增长二至三成。

李建升很早就有"顾问团"的观念，他每年花费在医生、会计师、律师、代书，甚至风水师上的顾问费大约是一百万元。这笔昂贵的代价让他以"全方位的专业"顾问角色，为顾客解决因生老病死产生的诸多烦恼。李建升建立自己的专业形象，并花钱买别人的专业和时间。

偏偏，有些东西花钱还不见得学得到，可是，严长寿总是有办法，因为他有一套"垃圾桶哲学"："假如必须从人家喜欢的、正在做的事情去学习，我大概没有机会。也许对我最好的学习，就是从人家不喜欢做的事情学起。"

"有机会去做"，就是一种学习

严长寿在刚开始踏入社会工作的时候，做的是类似工友的工作，他想请同事教他工作上的技术，可是每个人都面有难色，不是说没有时间，就是不愿意教他。

于是，他换个角度想，只要"有机会去做"，就是一种学习。所以，每当同事赶着下班，或是事情做不完，他便自告奋勇伸出援手帮忙。于是同事们为了让他可以帮得上忙，就愿意将工作需要的本事传授给他，而他也因为有机会接触练习，而学到不少工作上的技能。

对于美国的黑人农业化学家乔治华盛卡佛来说，黑人及孤儿的不利身份，让聪明的他连想要入学都有很大的困难。

　　可是，他始终没有放弃学习的机会，他学习的方法是向大自然提出问题，然后，从大自然中找寻答案。

　　于是，他从这样的学习探险中，寻找到许多新的农作物和利用植物的新方法。

　　以为抱着书包才能冒险的你，是否可以真正地放开双手，投入于社会学习的大冒险中呢？

冒险者的永恒信念

　　也许对我最好的学习，就是从人家不喜欢做的事情学起。

冒险是因为永远不满足

> 不满现状是好的，可是，可别只是说说，要身体力行，就算要冒险，也得要满足它，因为这是上帝给冒险家的第一道明显的指示呢！

华尔街的传奇投资大师巴菲特，财产 330 亿美元，他表示过世后会将 99% 的遗产捐献出来。

对于遗产，他自有主张。他认为将大笔遗产留给子孙，对后代、对社会没有好处。

巴菲特曾说："可以给后代足够的钱让他们去做任何事；但不要给他们太多钱，让他们无所事事。"

酷爱追寻刺激冒更多危险

巴菲特的想法可能出于他的人生经验，不过，从人类生理学的研究，也可以证实一种不满足的状态，的确可以激发出冒险的动力。

中国历史上最有名的不肖子孙，扶不起的阿斗刘禅应该可以名列前茅吧！

三国蜀汉刘备去世后，将帝位传给儿子刘禅。他一直是个不管事的庸君，不过，因有丞相诸葛亮治理国事，倒也没有出什么意外。

可是，诸葛亮一过世，蜀汉马上就被魏国消灭了。

刘禅连一点抗拒能力也没有，被俘魏国后依然饮酒作乐，非常快活。甚至当司马昭问他是否还思念蜀国时，他竟无动于衷地说："这里吃喝玩乐样样都好，我真的一点也不思念蜀国。"

如果刘禅有一点对于现况的不满足，也许蜀国就不至于落得亡国的下场了。

那么，那不满足引发的强烈冒险动机，在历史上又成就过多少伟大业迹呢？

唐三藏因为不满足于所阅读到的佛教经典，于是下定决心冒险西行，到印度留学。这个过程之艰辛与刺激，让所有的中国人都沉溺于吴承恩小说《西游记》当中的情节，因为从没有人能够独自完成这段旅程，除非有神仙的帮助。

这趟旅行，唐三藏带回六百多部经典、佛像和印度特产，为中国及东亚的佛教研究带回许多重要的资料。他还亲自进行梵文的翻译工作，让中国人能更容易了解佛教的内涵。

印刷工人毕升，因为不满足于辛苦的雕版印刷技术，所以，在平日工作之余，努力地发明制造活字版技术，成功之后，使书籍的流传可以更加快速便宜，对于文化的传承做出了非常大的贡献。

探索自己能力的极限永远创新

俄国文豪托尔斯泰认为："文学之中最恶劣的是模仿自己。"他同样也是不满足于自己已有作品的作家，所以，可想而知，他是多么努力地探索自己能力的极限，想要永远创新。

我想，江户末期的浮世绘大师葛饰北齐的不满足，可以说到了贪心的地步。

直到他89岁高龄，作品数量高达三万件时，他居然还不满足地说："我希望能再多活五年，如果可以，我会告诉你们什么才是真正的绘画。"

因为这样不愿意放弃地努力，于是，他所画的富士山富岳36景系列能够驰名至今，且他描写的构图大胆，表现强烈，近欧洲流派，对法国印象派人士影响很大。

　　所以不满足于现状是好的，可是，可别只是说说，要身体力行，就算要冒险，也得要满足它，因为这是上帝给冒险家的第一道明显的指示呢！

冒险者的永恒信念

　　文学之中最恶劣的是模仿自己。

冒险家的逆向思考

想想那些所谓忠肝义胆、冒死直谏的人，是不是用点逆向思考，就可以更容易地达到目的呢？也许这样的冒险，还比较不危险呢！

冒险者通常跟别人的想法不一样。他们偏偏要往不同的方向思考，并且就去试试看，往往会有出乎意料的收获。

就像两个小孩绕着圈圈追逐一样，要捉到前面那个人，想当然，就是往前追。可是，往前追可也真是累人，因为这得比体力和脚力呢！

但是，若是后面那个突然往相反方向跑，一下子就变成在对手的前面，那么，猎物自然就手到擒来，完全不费力气。

当然，这只是"逆向思考"的简单例子说明，还有很多逆向思考的方式，你也可以冒险试试看哦！

曾经有一个数学家，从小就喜欢玩数字游戏。

逆向思考可以节省许多力气和时间

有一次，老师为了忙点什么事情，于是，就出了一道题目，从1加到100。他想，这应该可以消磨学生们不少时间吧！

果然，所有的小朋友都乖乖地1＋2、＋3、＋4……努力地算着，一不小心，还会因为数字太多而数错，必须从头开始数。

可是，这个数学家却不这样想。他想到了老师刚教过的梯形面积公式：（上底＋下底）×高÷2，用（1＋100）×100÷2＝5050，一下子就得到了正确的解答。他就是著名数学家高斯。

从上述的两个例子可知，比起保守地按部就班思考，逆向思考可以节省许多白费的力气和时间，这样的投资太值得了。

中国内地工程公司的董事长殷琪说："我要找一批会进行逆向思考的人。"事实上，殷琪在这一两年，对于内地工程领导阶层的人事已经常调整，其管理阶层的年龄已经降到42岁，不过殷琪说："还是太老，要降到36岁。"她又说："我觉得在台湾老得很快，因为大家思考都太单一化了。"

为什么逆向思考会跟年纪扯上关系呢？因为人很容易成为习惯的俘虏，一旦习惯了某种思考方式，就会"贯彻始终"，甚至食古不化，坚持"原则"。所以，"也许"年轻可以减少这种顾虑吧！

但是，我觉得能够逆向思考，跟人格特质有关，越是有幽默感，勇于冒险的人，脑筋越有可能灵活地往四面八方思考。

在历史上，逆向思考的战术，通常都可以得到胜利。

如日本的源义经打败平氏家族的一谷之战。平氏军队一定料想不到，敌军会从营区后面的陡坡攻进来，因为那坡陡得只有野鹿才能在其上行动。

除了奇袭战术之外，以退为进也是个高明的逆向思考方法。而这也正兴奋地考验着冒险者的胆量呢！

话说，有一次京城出现了一个专偷皇宫宝物的神偷。他来无影去无踪，纵使紫禁城内墙高池深，戒备森严，他依旧是来去自如。

和珅禀奏："这需要多管齐下，首先，加派三千御林兵严守紫禁城，务求滴水不漏；其次，加强宫内防盗机关，严防里应外合；最后，百姓出入京城，一律接受身份及行李检查，以防藏物外流。如此一来，此恶贼一定无所遁形，难逃法网。"

不料这计策实施了半年，神偷猖獗依旧，接连着几件宝物被偷不说，京城的人民也都感到不便，怨声载道。乾隆看看这样下去实在不是办法，只得再召开会议讨论。

"刘爱卿，你一向足智多谋，这次倒拿点主意啊?"乾隆沉不住气，开门见山地点名刘罗锅想想办法。

刘罗锅驼着背，伸出三根手指头缓缓地说："启奏皇上，依臣愚见，倒可以从三方面下手。第一，将紫禁城外增派的御林军都撤掉;第二，将所有宝库的大锁通通拿掉;第三，将存放宝物的箱子全部打开。如此一来，必能手到擒来。"

于是乾隆下令照办，不出十天，神偷居然被轻易地捉到了!

原来这位神偷已有 30 年偷窃历史，只要精准地执行这些步骤，即使再严守的地方也能顺利偷出宝物。可是这次进入目的地后，竟然没有警卫，也没有锁门，进去后只看见箱子打得开开的，窗户也被拿掉了，在这一连串的犹豫中，浮现了前所未有的疑问、惊慌与恐惧，就在这犹疑的片刻，说时迟那时快，巡逻的卫兵一拥而上，神偷还愣在那儿呢！

有一天魏王想试试孙膑与庞涓谁的本事高，就说："我现在坐在大堂之上，你们两人可有方法让我走下来？"

庞涓听了，马上抢着说："只要在后殿放一把火，大王您自然就得走下来了。"魏王听了，觉得庞涓说得固然没错，但总觉得这个方法不够巧妙。

孙膑慢条斯理地答道："要大王下来，我恐怕是办不到；但若大王在殿堂下面，我相信可以使大王走到上面去。"

魏王心想，既然你说可以使我由下面走到大殿上去，也可以一试。于是，魏王就放心地由大堂走了下来。而孙膑让魏王走下宝座的巧计就此奏效。

春秋时代楚庄王的弄臣优孟也是用逆向思考的方法，冒着生命的危险向楚庄王直谏。

据说楚庄王爱马成痴，有一次他的爱马过世，他居然想要用大夫之礼来治丧。所有的朝臣都觉得这样很无理，可是，楚庄王一概不听劝，一旦有人谏阻，就是死罪。

而优孟反倒只是哭，好像非常悲伤。

庄王觉得奇怪，到底他在哭什么呢？

优孟说："我只是为大王的名马惋惜悲悼。"

楚庄王非常诧异，优孟接着说："当然伤心，而且我认为大王既然这么爱它，只给它大夫之礼还不够，最好还要用王者之礼才行。"

庄王说："那怎么可以，那不就跟寡人一样了吗？"

优孟说："那有什么关系，只要大王喜欢就行了呀！"

庄王听了他的话，恍然大悟，笑了出来说："啊，我明白了，这样是不可以的。"

所以，想想那些所谓忠肝义胆、冒死直谏的人，是不是用点逆向思考，可以更容易地达到目的呢？也许这样的冒险，还比较不危险呢！

冒险者的永恒信念

　　冒险者就偏要往不同的方向思考，并且去试试看，往往会有出乎意料的收获。

冒险者没有永远的失败

> 说实在的，我真的不能骗你，冒险的人的确比那些因袭前人经验的人要多那么点失败的可能。因为是冒险做些没人做过的事情，成不成功根本算不准。

19 世纪的俄国小说家陀思妥耶夫斯基因为想要写别人没有写过的精神世界，难免会有写得不好的时候。例如他写的有些小说就很难懂，有些则很松懈，使人读了觉得没有什么意思。

但是他有两部小说写得很好，像《罪与罚》和《卡拉马佐夫兄弟》。当然，这是因为他即使冒险尝试有了失败，仍然不放弃冒险，才能够创新有成。

如果像汤川秀树这样，不免就有些可惜。

日本原子物理学家汤川秀树，曾获得 1949 年诺贝尔物理学奖，他同时也是第一个获得这项荣誉的日本人。

　　这位物理学家，其实原本是梦想要成为数学家的，但是因为他的高中老师不接受他证明数学定理的创新演算方法，所以后来他才放弃了这个想法。

　　还好汤川秀树的天才是多方面的，在物理方面也很在行，不然，这个世界少了一个既天才又肯冒险创新的数学家，实在是非常可惜。

　　可是，对当代三大男高音之一的卡雷拉斯来说，命运好像总是爱开这个神经紧张人的玩笑似的。当初，他好不容易得到在指挥家卡拉扬面前演唱的机会，没想到，居然紧张得连一个音都发不出来，高音的部分甚至只听得到一些尖锐的声音！

　　还好卡拉扬并没有因此否定卡雷拉斯的能力，反而还安慰他，给他许多表演的机会，终于造就了一代演唱家的实力，当然还包括胆量。

　　因为有见识、肯冒险的人都知道，不可以随便论断一个人的成就。当然，他们也不会随便放弃对于自己和别人的信心，就算目前失意，冒险失败，仍然相信终有成功的一天。

　　三国时代东吴的吕蒙，继智慧堪与诸葛亮相比的周瑜之后，担任东吴的都督，可想而知，他的学识与风采必定不凡。

可是，鲁肃初见到吕蒙时，却不怎么待见他。因为吕蒙那时还只是个不务正业、不肯用功的人。

没想到，后来，鲁肃再见到他时，看见吕蒙竟然和从前完全不同，是那么威武，跟他谈起军事问题来，又显得很有知识。

鲁肃觉得很惊异，便跟他开玩笑说："现在，你的学识这么好，既英勇，又有智谋，再也不是吴下的阿蒙了。"

吕蒙答道："士别三天，就应该另眼相待呀。"

同样的，我想，如果苏秦不相信人的成就会改变，没有永远的失败这个道理，也许就不会有后来的成功呢！

战国时代，主张"合纵"政策的苏秦，在还没有出名的时候，穿着破烂的衣裳，踩着草鞋，穷苦潦倒，当他失意回家时，家里没有一个人看得起他，连他的父母妻子都不例外。

可是，谁也没想到，就是这样一个人，居然有一天也会佩带六国的相印，衣锦荣归，这时，他的嫂嫂甚至不敢正眼看他，只能谦卑地服侍他饮食。

苏秦的家人实在是太不关心他了。如果知道他正在进行前所未有的冒险游说工作，应该要好好地支持他，鼓励他（反正这又不花什么力气，这也是应该的事吧）。就是因为他肯冒险，所以，将来成功的机会一定非比寻常的大，怎能不小心地伺候呢？

冒险者的永恒信念

　　有见识、肯冒险的人都知道，不可以随便论断一个人的成就。

CHAPTER 4
成功者的冒险方法

勇气

> 冒险的确是需要非常大的勇气作为后盾。而且，冒的险愈大，创造的成果也就可能愈大。

你的胆子有多大，愿意挑战多大的危险呢？

如果可以区分等级的话，以下四个人所经历过的事情，换成是你，需要多大的勇气呢？

曹平霞

"我那时是董事长兼小妹。"曹平霞说，在异地美国，一开始，她的工作内容就是在这一人公司中，从找客户、整理资料到扫地一手包办。有时，她搭了三四小时的车去拜访客户，结束时虽然天已经黑了，但为了省下一笔住宿费，她可以壮着胆子赶搭夜车回家。

严长寿

严长寿在美国运通时，主管许多业务，当时美国运通在台湾省的业绩已经有四五年都无法突破，主要是因为他们沿用美国的那一套做法，而台湾市场却不太能接受。

他在公司接受了四五年的训练，又是本土出身，所以了解问题所在，于是向公司提出建议，认为应该做一些大幅度的改变。

那时他的老外主管还很犹豫，他就威胁说："你不让我这样做，我就辞职！"

老外主管生怕严长寿离开，就答应他的提议。没想到那些做法真的让公司转亏为盈，美国总公司就把老外主管调走，让严长寿接任他的位置，成为美国运通有史以来第一个亚洲本地出身的总经理，那时他才28岁。

郭子仪

原本回纥跟唐朝关系不错，受了吐蕃的引诱，忽然集合30万大军来攻打中国。于是，代宗命郭子仪率兵抵抗，可是他手下只有一万人左右。在这种情况下，他居然只带了几名部下，就骑马到回纥营去。

他大胆地跟回纥君主说："我们两国一向和睦相处，为什么你们要违背盟约，来攻打唐朝呢？我们两国应该继续维持友好的关系才对，你们实在要打，就请先将我杀了吧！"

结果，回纥营的人听到他这一番话，都感到非常羞愧，于是不但对唐朝退兵，还把吐番打败。

李文斯顿

从小立志要当传教士的李文斯顿听说非洲有无数的村落，可是没有传教士、没有福音、没有基督、没有生命、没有光，只有罪、死亡和黑暗，于是下定决心要到非洲去。

在他之前，从来没有一位白人曾经深入这个所谓"黑暗大陆"的心脏地带。李文斯顿使基督教在非洲得到了极大传播，同时他也是发现尼罗河源头的第一位探险家。

有一次他从非洲返回母校演讲时，左手已经残废，肩膀被一头狮子咬碎，皮肤被非洲的阳光伺候了16 年，早已变成棕黑色，脸上有无数的皱纹。非洲的热病蹂躏着他，耳朵也因为风湿病而半聋，一只眼睛因为被树枝刮伤而瞎了。他形容自己只是一堆骨头。这还不包括他的妻子儿女因为受不了当地的环境而病死等残酷的经历。

是的，从上述四个人的故事，冒险的确是需要非常大的勇气作为后盾。

而且，冒的险愈大，创造的成果也就可能愈大，这是自然的道理吧！

当你的勇气不够时，也许可以想想李文斯顿这个最大勇气的"补药"，那么，你眼前的冒险还有什么可怕的呢？

冒险者的永恒信念

当你勇气不够时，也许可以想想李文斯顿这个最大勇气的"补药"，那么，你眼前的冒险还有什么可怕的呢？

坚定的决心

富兰克林 17 岁那年离开家乡，独自到费城寻找工作。无亲无友的他，在 6 年后得以开设自己的印刷厂，并且出版以后创办了杂志《星期六晚邮报》。为什么他可以做到这一切？

富兰克林 17 岁那年离开家乡，独自到费城寻找工作。无亲无友的他，在 6 年后得以开设自己的印刷厂，并且出版以后创办了杂志《星期六晚邮报》。为什么他可以做到这一切？

他曾经下定决心，为自己立下 13 条守则，包括节制、缄默、纪律、果断、节俭、勤勉、诚实、正义、中庸、清洁、镇定、贞节和谦逊。

他每个星期列出一张表，详细记载哪一天自己没有遵守哪一条，好检讨改进。由此证明他的成功不是偶然。试想。这需要多大的决心，才有办法达到这样的自制力？无怪乎他能够赤手空拳打造自己的天下。

晋朝的祖逖为了有机会为国家效劳，一到五更天就起床练剑，就连寒冷的冬天也不例外。

后来他被晋元帝赏识，奉命做豫州刺史，他以肃清中原、北伐叛逆为己任，率领精心训练的部队，渡江北去。

船到中流，他击着桨宣誓说："祖逖如果不能肃清中原，该和大江的东流一样，一去不返。"他的这番话，感动了官兵，于是作战时个个勇往直前，终于打败胡人，把黄河以南的失土收回。

因为他有每天早起的坚强毅力和非成功不可的决心，所以终能有所成就。

曹平霞接的第一笔生意是美国的荣民总医院。当时，他们有意将全美各分院的电脑系统相互整合，金额高达400万美元。

当曹平霞知道这个消息后，立刻去找这个计划的负责人。那时，负责人的疑虑却是："我为何要把这个400万美元的案子交给这家只有你一个人的公司呢？"然而，4个月后，美国荣民总医院还是将这件案子交给曹平霞，这是她创业后收到的第一笔钱。

她骄傲地说，就是那种商场上的"杀气"，才能让这些人高马大的"外国人"折服，甚至成为现在170名美籍员工的老板，闯出年营业额1000万美元的软件公司。不过，能在异国立足12年，靠的难道只有"杀气"吗？

"她给人的印象，除了强烈的事业心与企图心之外，还展露了高度人际关系处理的智慧。"英泰行销经理丘金胜形容曹平霞是一个"外柔内刚"的人，虽然很有主见，却不会给人压迫感。

这样的特色，甚至可以把别家公司到嘴的肥肉抢过来。2个月前，曹平霞接到一封信，要求她到管理美国联邦大楼的政府单位做简报。当时，这个案子已经由另一家公司执行了一年之久，她心里还觉得纳闷，为何要找她来？

在3小时的简报后，曹平霞还直觉地认为他们应该只是"看看"，订单还是会给那家已经做了一年的公司吧！不过，2个星期后，她却接到这个整合美国八千座联邦大楼的标案，价值近百万美元。

"在技术实力不相上下时，谁能善用人际关系，给人较好的印象，谁就能掌握成功的关键。"曹平霞说。

　　可见冒险的决心除了坚定不移的自制力之外，能够发挥所有的精神力，软硬兼备，才能够取得最后的胜利。

冒险者的永恒信念

　　在技术实力不相上下时，谁能善用人际关系，给人较好的印象，谁就能掌握成功的关键。

坚持原则

具有冒险精神的人，是不可能随便改变原则、屈就于现实的。因为没有对于原则的坚定信念，就不可能为自己带来真正的成功。

意大利诗人佛斯可洛坚信自由、平等、友爱和意大利独立的理念，便勇敢地向法国靠拢。可是，当拿破仑让他失望，他又毅然决然地批评拿破仑的做法，离开米兰，最后隐居英国，过着无人问津的悲惨生活。因为，他不愿意跟政权与自己妥协。

这样的结局好像很悲惨，不过相较于法国将军贝当，一再地接受战败妥协的条件，不久，就沦为希特勒的爪牙。这时，放弃原则的结果已经不是他可以控制的了。

荀巨伯有一次远道探访生病的朋友，却不幸遇到外族攻打郡城。

为了道义，他决定照顾朋友，不忍离去。结果他不但没有因此而牺牲生命，反而还让来攻的敌人感动得退兵休战。

曾经有一位著名的文学家萧伯纳，在听完年轻时的海菲兹演奏后，写信给海菲兹说："我听了您的演奏，心里感到非常的不安，因为，像您这样有如超人般完美的演奏，一定会遭上天嫉妒的，所以我诚恳地建议您，每天晚上以前至少拉一个错音，可能的话请尽量演奏得稍微差一点，因为一般人要演奏得像您那般完美，真是不容易啊！"

可是，海菲兹始终坚持完美的原则，直到他的告别音乐会，他都没有改变初衷。

海菲兹在最后的一首安可曲子之后，出场谢幕多次，然后，告诉全场听众说："我已经精疲力尽，不能再继续演奏了！"然而，这一次，完美的海菲兹却选择在他有可能拉错音之前，结束了演奏生涯，让所有的乐迷错愕与感伤不已！从此，海菲兹与他的观众见面的时候，就不再拉琴，而他一生为音乐的奉献，也在此留下了最后的句号。

开发中文电脑，有教父之称的朱邦复，常被问为什么把赚钱的大好机会让给别人？现在已 64 岁的他笑说："一袋米可以变成大富翁、一捆柴可以造就一个王永庆，但金山银山也可能吃光。我不愿经营，就不想知道这些产品能变成多少钱。能不能赚钱我根本不放在心上。我真高兴我一直都没什么钱，为了活命，我就得一直往前走、一直发明创作下去。因为有钱了，一般人的想法就是——干吗还这么辛苦做事呢？"

所有的困顿、磨难，朱邦复与他的学生从来不放在心上，像虔诚的教徒，为保存中华文化尽一份默默的心力。他们非得一字一字编码、做字形、校正、排序的字库，累积一笔笔资料做资料库，每天重复一样的动作，数十年如一日。

春蚕至死丝方尽。长年累月建资料库，朱邦复说："人争我弃，人弃我捡。"此时终于见到效应。他并不是不要产品，他说文化变成产品一定要稳定，现在太多与科技结合的商品两三天就能上市，但后来呢？

"我认为我是文化人，不是科技人。科技是一时的，马上会消失，就像盖个房子需要工程师，但住房子是一辈子的事。人是本位，不要忘了人的需求，科技的任务完成后就没价值了。今天时间到了，这些东西就一个个出来，我只是一个开端，不会只有我一个人在做，钱多就多做，但是钱少我也做。"

　　看过以上的故事，是不是让你也像我一样，深深地觉得，如果不是因为有这些人誓死捍卫重要的基本原则，也许这个世界就要大乱了。这不只关系到个人的荣辱，更是攸关全人类的幸福啊！

冒险者的永恒信念

　　我真高兴我一直都没什么钱，为了活命，我就得一直往前走、一直发明创作下去。

拿出所有的本事

也许我们都没有《老残游记》的作者刘鹗那样说故事的能力，还记得大明湖畔的王小玉说书吗？真怀疑到底是王小玉行，还是刘鹗要的呢？可是，不管是这样说书，或是说出这样的故事，都需要很大的本领吧！

刘鹗的本领来得很复杂，因为他有个习惯，每到一个地方都喜欢结交各方面的才俊，互相研究学问。他的朋友有研究财赋、兵略的，有研究拳术、历法的，这些都是许多人所忽视的学问。

不但如此，刘鹗自己也努力研究学问。他对于天算、乐律、词章、天文、医学、兵学等无所不精。另外他又研读诸子百家各种学说，并且贯通各家之学，所以刘鹗的言论总是跟别人不同。

胡适认为，刘鹗的《老残游记》在中国文学史上最大的贡献，在于他描写风景人物的能力。

　　古来描写风景，总是套用许多成语，可是刘鹗无论写人、写景，总不肯陈词滥调，一定要熔铸新词，依实描写。

　　外国人认为刘鹗很自然地运用他渊博的学识，对中国人的生活留下有趣味而特殊的指示。从书中的情调和语气，更可以看出作者探索自然的好奇心，温和诚恳的态度，以及他对中国社会各阶层的人普遍而深刻的同情心。

　　对于当代有名，并且年纪轻轻就被喻为大师的大提琴家马友友来说，他能够站在世界的舞台上，成为世界的马友友，这跟他宽阔的学习视野有着密不可分的关系。

　　有一句法国谚语："要达到目的，就得用尽方法。"

　　生于法国，成长于美国，双亲都是中国人的马友友，除了有法国人天生的浪漫气息和美国人爽朗奔放的性格外，更多了一份清新儒雅的中国气质，也因为这样特殊的背景，让马友友对历史和人类一直都抱着浓厚的兴趣，甚至，他还曾经进入哈佛大学研究人类学呢！

　　然而，对任何事情都充满兴趣与好奇心的马友友，当然也在演奏上呈现出广泛的兴趣。他并不只局限在古典音乐的范围里，更勇于尝试各种跨界音乐，展现了朝多元化音乐领域发展的企图心。

像是马友友与爵士乐巨星巴比麦菲林所合作的专辑"天籁"，就曾经蝉联跨界排行榜一百多周，马友友的魅力的确是无人能挡。

除了尝试电影配乐演奏，马友友更朝向多变的世界音乐来探索。像是日本歌谣、越南神剧、美国民歌等，乐迷们都可以惊喜地发现马友友在音乐当中所流露出来的魅力。

他不断地遇见自己、不断地探险，也不断地追寻，当别人问他"音乐是什么"的时候，马友友只简单地说："音乐就是人的表现。"这就是马友友，一位从古典音乐广伸触角，成为"百变"大提琴天王的音乐家。

迈克尔·乔丹在篮球场上是最具华丽创造力的人。他曾经说过，他各种令人瞠目结舌如天外飞来的奇特攻篮方式，并非事先设计好的，而是被防守者逼出来的。

若要成功地从包夹的人群中穿出来，还要闪过篮下七尺大汉凌空盖下来的巨掌，就得在那节骨眼上更快一步、多一个旋转、多一秒在空中悬浮住，更慢一点让地心引力发挥作用，以及一个更奇怪角度的出手，这不是面对一个空荡荡无阻拦的篮框所能做到的。

困境的意义正是被包夹、被封阻，陷入一种进退维谷、无路可走的状态，你得奋力想出并打开一条险路来，当眼前有坦坦大道可供你吹着口哨愉快大步前进时，人通常没必要也不会如此找麻烦。

七年前，张宝文为来台湾开演唱会的迈克尔·杰克逊担任贴身保镖，并规划所有保全事宜，从此一炮而红。当时台湾少有从事人身保全的业务，更从来没有人介入重量级人士短期在台湾的保全业务。

当时在新光保全担任业务员的张宝文脑筋动得很快，出动人力游说主办迈克尔·杰克逊来台湾的同联文化公司，接下了这桩生意。

当时他甚至还没辞去原公司的职务，而是利用下班时间筹划这位国际巨星来台湾的保全事宜。"当时完全没有经验，碰上这么一位大人物，又是外国人，语言都不通，光搞保全计划书的翻译，我头都晕了。"

幸好张宝文当过卫兵，最后他把政府领导人莅临现场时的"卫兵守则"拿出来照本宣科，才把第一桩生意给应付过去。虽没获利，却已得名。此后辛蒂克劳馥、李查基尔、皮尔斯·布鲁斯南，甚至连素以难应付闻名的惠特妮·休斯顿，都让宝哥治得服服帖帖。

原来，当一个人准备要冒险，而且非成功不可的时候，什么样的本事都要学习，没时间学的，用吃奶的力气也要把所有的本事拿出来用。因为冒险只是为了要成功，一点后路也没有。

冒险者的永恒信念

要达到目的，就得用尽方法。

步步为营

> 就算再熟悉的事情，都有可能因为一时的疏忽，而遭遇失败的命运。

杨致远说，不要看他成功以后，出现在杂志、媒体上的照片总是充满笑容，其实"真正认识我的人，很少看到我笑"，他是很认真、很兢兢业业的，而且他还有很长的路要走。

有人预测，未来6个月内，高达三分之一的网络公司会关门。杨致远说，三分之一可能太多了，但他强调的是，网络企业和其他企业差不多，不好的就会被淘汰。网络企业品牌很重要，获利也很重要。

雅虎成功的关键，首先就是证明自己可以赚钱。但是在创业的历程中，也是很艰辛的。

列宁说："历史上从来没有一种革命，在取得胜利以后，就可以万事大吉、安享清福。"沃尔特·迪斯尼总裁麦克·艾斯纳也说："历史其实早就告诉过我们，古今中外没有一个王朝，是永续存在的。"

意大利歌王卡罗素，是历来名字最响亮的歌剧乐手、古典声乐家。

不过，即使是歌剧之王，卡罗素对于每一次的上台演出也还是会紧张。演唱前如果发抖，他就高兴，如果很稳定他就要皱皱眉头，他说："我一定要使自己紧张起来。"

他甚至还说，每一次唱的时候，都觉得有人正等着想毁灭他，而他却必须像只公牛一样，不断地坚持和抗争着！也许，这也是卡罗素身为歌剧之王的压力吧！可是，就是因为这份压力，让卡罗素成为一代音乐大师而当之无愧。

黄强华兄弟带领的霹雳布袋戏跃上大银幕，《圣石传说》票房短短 5 天直逼 5000 万元，且与迪斯尼卡通动画相抗衡，他们是怎么办到的呢？

这中间危机四伏，高潮迭起的发展情节，真的不亚于霹雳布袋戏的戏码呢！

霹雳布袋戏以录像带市场为根基，虽然在录像带出租店的出租率一直很高。但是黄强华一直都有很强的经营危机感，因为霹雳布袋戏迷对于剧中人物素还真、傲笑红尘的死忠程度，外人难以理解，黄强华曾试着制作全新人物和剧情的录像带，结果录像带店出租率马上下滑三成，所以黄强华才会成立有线频道，另谋营利渠道。

成立霹雳电视频道对黄强华而言，等于从传统录影带出租渠道扩大到有线电视全台湾型渠道。去年12月，霹雳布袋戏普及率排名第三，普及率99.99%，"等于全省系统商都购买霹雳频道节目"。

不过，霹雳频道不像其他强势频道商拥有三个以上的家族频道，手握谈判筹码，因此，每年与系统业者谈判就是他最苦恼的时刻。

这个危机让黄强华在三年前痛下决心，投资3亿元筹拍布袋戏电影。敢大胆尝试的黄强华甚至要拥抱网络事业，进入第三阶段目标。可是，谁知道下一步还会出现什么危机呢？霹雳布袋戏集团正在冒险过程中，小心翼翼地面对呢！

就算再熟悉的事情，都有可能因为一时的疏忽，而遭遇失败的命运。就像宋朝的苗振。

他自负地以为考试绝对没问题，当别人提醒他要不要温习一下时，他还满不在乎地说："这有什么可忧虑和值得你特别提醒的呢？难道一个做了三十年保姆的老娘，还会倒束了孩儿的衣着不成?"

　　没想到，苗振在考试时一时粗心，写错重要的字，当然也就名落孙山了。所谓"千金难买早知道"，还是万事小心一点比较好，当然对于冒险更该如此啊！

冒险者的永恒信念

　　历史上从来没有一种革命，在取得胜利以后，就可以万事大吉、安享清福。

做到最好

> 梦想家如果不努力去实现自己的梦想，那么梦想就永远只是空想而已。

20 年前，亚都饭店开幕，站在餐厅门口，他是端盘子的服务生。1996 年，蔡充站在西华饭店大门，才 35 岁的他，摇身一变为西华饭店的总经理，掌管西华旗下三家饭店共 1000 位员工，是当年五星级饭店界最年轻的总经理。

然而，蔡充还是遇到业绩的压力。因为他刚接下业务主管时，西华饭店的知名度不高，但价位却很高。所以，如何说服客人愿意付出更高的价位来西华消费，是一桩难事。

为此，蔡充用尽心血收集政商大人物的住宿用餐习惯，每逢有高档宾客来访入住，他便提前研究对方的习性，并主动与对方幕僚联络，提供让对方信服又满意的服务。

如英国前首相撒切尔夫人的生活习惯相当挑剔，也比较特别，英国人喝茶是先放牛奶然后再加茶，前后顺序不能颠倒。此外，撒切尔夫人睡前、睡醒喝的饮料种类也不同；喜欢蔷薇花，对色彩很重视；会特别要求摄影机架设的角度。这些特别的个人习性，蔡充都会细心研究。

不管是多有创意的点子，或是涉及多大财务利益的投资，沃尔特·迪斯尼都要求，不管是制作一部卡通影片，或是建造一座游乐园，他都拒绝用次等品来欺瞒观众。

1940 年 2 月，《木偶奇遇记》上映，《纽约时报》盛赞这部影片是"有史以来最好的卡通"。

不过，《木偶奇遇记》的制作过程并不顺利。在花了半年的时间制作这部费心费时的精致动画剧情长片，且就快完成一半的时候，沃尔特却下令暂停。因为他说，小木偶看起来太呆滞，就像是用木头做出来的，而小蟋蟀这个角色却又画得太像真的蟋蟀。

虽然已投资 50 万美元制作这部影片，但沃尔特并不在意，也没有被这个数字吓倒，他决定把之前的努力成果全抛到一旁。

沃尔特之所以决定要暂停《木偶奇遇记》的制作，是因为这部电影有违他的原则——对卓越的坚持。

当时，他已经拥有了全世界的掌声，如果这部片不至于对迪斯尼公司或沃尔特的声名造成太大的伤害，他大可让这部片就这样上映，而且，这么做还可以省下一大笔费用。不过，沃尔特很清楚，差强人意与十全十美的差别在哪里，而他是不会妥协的。

沃尔特·迪斯尼的杰出表现可能会让一般人误以为，不管他以什么样的行动来实现他的梦想，都是不费吹灰之力的。其实不然，尤其是当他一路走来，还有许多心存怀疑的人挡在他前进的路上。

沃尔特明白，梦想家如果不努力，那么梦想就永远只是空想而已。当他那饶富创意的心灵冒出一个想法时，他便着手将这个想法转化成具体的产品、服务或是运作方法。即使有的时候他用来实现理想的方法是超乎常理的，甚至需要打破既有的规则也无所谓。重点是，要呈现一场精彩的演出。

当迪斯尼乐园于 20 世纪 50 年代初期开始兴建时，沃尔特便常亲临现场监督。他花了无数时间和那些创意十足、博学多才的员工讨论，从蓝图设计、游乐设施，甚至是乐园里播放的音乐，每件事都得经过他这一关。

后来，他做了一个更不寻常的决定：他要求在迪斯尼乐园里工作的每个人，上至经理下至电工，在每个游乐设施完工后都要亲自试坐。

事实上，对于自己最在意的事情，没有人不会小心翼翼，留心每个细节。因为一颗老鼠屎，足以坏了整锅粥。不要求最好，怎么行呢？

冒险者的永恒信念

　　即使有的时候他用来实现理想的方法是超乎常理的，甚至需要打破既有的规则也无所谓。

万全的准备

当被问到为什么会做这种傻事时，他说人不能坐着什么都不做，总得去冒险做一些事情吧！

美国洛杉矶有一位平实的水电工，他希望有一天能够在天空翱翔，在经费及法令的限制下，梦想一直未曾实现。

有一天，他突发奇想，准备了 6 个充气气球、一把椅子及一些食物，就这样飞上了天空。他认为，只要用剪刀把绑在椅子上的气球剪断，就可以降落了。

没想到气球一飞就升到一万多英尺的高空，谁敢在这么高的天空随意降落呢？因此他高挂在天空下不来，最后还动用了军方的直升机，费了 6 小时才将他弄下来。由于他违反法令，被警察拘捕，做了几天的牢。

当被问到为什么会做这种傻事时，他说人不能坐着什么都不做，总得去冒险做一些事情吧！

这样粗率的准备，根本不叫冒险，不过是送死罢了。

穷苦出身的乡村男孩艾森豪威尔，如何能够成为历史上指挥过规模最大、人数最多，参与最重要军事活动的总司令，也是美国有史以来，最受拥戴的总统呢？

这当然也要得益于他充分的准备。

1939 年，第二次世界大战爆发，起初美国采取中立态度，避免介入战火，然而艾森豪威尔却因深信美国必将卷进这场战争，被同事讥讽为杞人忧天。1941 年，日本偷袭珍珠港，迫使美国对日宣战，此刻艾森豪威尔已经准备妥当，加上时事造英雄，他一举冲上军人事业的高峰。

春秋时代的越王勾践，为了报复吴国的灭国之恨，忍辱经过十年发展，积聚力量，另外十年则训练和武装百姓，终于一举打败吴国。

一个台湾人为何能从基层工程师，成为飞利浦公司全球副总裁？从台湾飞利浦员工称他为“飞利浦先生”，荷兰飞利浦公司又称他“Mr. Taiwan”，可以看出罗益强不管在台湾地区或在荷兰总部的分量。

罗益强在飞利浦 30 年，最为人称道的是独树一帜的"造反"管理哲学，他常不顾总公司反对，"一意孤行"，先斩后奏，让总公司人对这位台湾土生土长的总经理刮目相看。

台湾飞利浦也在他的带领下，从家电加工厂，跃升为全球电子组件、消费性电子的研发与生产、行销重镇。

罗益强第一次造反是在 20 世纪 80 年代初期，罗益强认为台湾飞利浦要转型生产电脑，因此，他先提出扩厂要求。但是总公司以"没有预算"一口回绝，罗益强却早已将机器装好，迫使总公司不得不点头。

第二次造反是迁厂。罗益强凭借精确的迁厂计划及事先不断演练，采取预先增加产量，再将机器分批搬迁的方式，消除总公司的疑虑，在不影响正常营运下顺利迁厂。

第三次造反是在 20 世纪 70 年代后期，罗益强研判，此时唯有全面提升产品品质，直接挑战日本产品，公司方能进一步成长。于是，他亲自带领同僚前往日本考察，决定师法日本企业，并拟订品质五年提升计划。

总公司这次还是保守地向他说"No"，他们认为，二次世界大战后，日本各方面都是向欧洲学习，现在，却要他们放下身段，反过来向日本人请教，实在有损尊严。

然而，罗益强仍"不听话"，执意推行，事实证明他是对的。往后同年，台湾飞利浦营业额皆呈二位数大幅增长。因此不仅 3 年后总公司肯定这项做法，5 年后公司更因此荣获全球品质奖殊荣。

他这种勇于向上级挑战的经营管理作风，常被形容是走钢索的人。走钢索的人当然危险，所以表演时要胆大心细，表演之前，必须有万全的准备。所有的冒险都是这样。

冒险者的永恒信念

　　走钢索的人，表演时要胆大心细，表演之前，必须有万全的准备。

永远领先

　　明治维新的重要人物坂本龙马，从几个有名的小故事当中，可以看出这个人绝对具有引领民族向近代化冒险、开阔视野的本事。

　　坂本龙马与当时人的想法不同，当每个人极力想要争取各自藩政利益时，他主张追求全日本的近代化才是最重要的事情。同时，他也是个有远见、行动派的人。

　　有一天，龙马遇见朋友佩带长剑，便指着自己的短剑说："这个时代长剑已经不管用了。"

　　又有一天，他看见朋友带着短剑，便从怀里掏出枪说："你看，这是欧洲最新武器。"

　　之后某天，他看见朋友带着枪，便拿出一本国际法律方面的书说："武装冲突已经结束。"

　　他永远充实国外的新见识，领袖群伦，作为维新运动的领导者的确当之无愧。

在 20 世纪推销古典音乐，没有人比得上卡拉扬高明。

除了指挥乐团、录制唱片外，指挥大师卡拉扬还创立了萨尔兹堡音乐节，成立世界电影公司，更在柏林建立音乐学校，培养人才，他以多角化经营策略，让古典音乐走出音乐厅。

1980 年，数位科技正在萌芽，七十几岁的老人卡拉扬洞察失机，率先和 SONY 公司总裁盛田昭夫合作，大力推广 CD，因为卡拉扬知道，好的产品要有好的行销管道，运用科技，借力推销古典音乐，才是明智之举。

所以，站在时代前端的音乐家卡拉扬，将古典音乐加上创新的元素，推向了新的时代。

丰臣秀吉能力排其他强大诸侯而登上宝座，归功于他能够迅速为主复仇。

明智光秀暗杀信长时，秀吉正在中国地区大战毛利家族。听到主君的死讯，立刻与毛利家族谈和，并在短短十天之内就把军队带回京都。

明智光秀被秀吉打败，只好逃离京都。后来，秀吉终于继承织田信长未竟之志，统一日本。

就像微软总裁比尔·盖茨所言，"速度"决定企业成败，企业主洞察趋势和决策的速度，也决定他们的财富累积速度。"速度"是累积财富的重要关键，转型速度不够快的企业主，随时会从领先者变成落后者；搭上趋势快车，立刻就能后来居上。

"以前锲而不舍的人会成功，有如龟兔赛跑。但现在兔子不睡觉了，统统都变了。"冠德建设董事长马玉山说。

目前电子产业中年纪最大的掌门人辜振甫，始终走在产业时代的尖端，他是怎么办到的呢？

早期台湾有线电视、移动电话都属于台湾当局管制业务，尚未开放民营。可是，辜振甫在八年前接任海基会董事长时，即在谈笑用兵间打通了关系。

一名熟谙和信集团内部运作的人士暗示说："辜振甫为何以75岁的高龄接下海基会董事长一职？以台海形势而言，这是一份吃力不讨好的苦差事，最后台湾当局是否有'条件'、'补偿'的承诺，谁知道？而这些话不需要摆在台面上明讲，辜振甫和台湾当局高层应该有足够的默契。"

一名创业投资业者也说，和信辜家出身台湾大地主。日本占据时代，辜家必须与日本往来；随后国民党自大陆撤退来台湾，又必须转与国民党友好互动。

　　辜振甫从小在这些送往迎来的环境中成长，早已学会在夹缝中生存，更知道如何在其中谋取最大的利益。于是，辜振甫凭着这样的背景帮助他在谈笑间，将移动电话、有线电视，一一纳入事业版图。

　　所以，同样的冒险要成功，也是要快！快！快！

冒险者的永恒信念

　　"速度"决定企业成败，企业主洞察趋势和决策的速度，也决定他们的财富累积速度。

永远保持最佳状况

中国历史上那些能够冒最伟大的险的人，经常教导后人收敛锋芒的方法，以能保全自己在有机会的时候可以冒险出头。

例如帮助刘邦统一天下的韩信，在年轻的时候，曾经遭受乡党不良少年的侮辱，并对他说："韩信，你如果不怕死，就拿刀刺我；怕死，那就从我胯下钻过去。"

韩信仔细地看了那人一眼，就匍匐身体，从他的胯下爬过去。

天哪，韩信真是个怕死的家伙吗？当然不是。从他后来许多英勇的战事中，我们不难了解，少年时的韩信不过是不想在这种小事上争强斗狠罢了。

在隐藏自己的能耐上，刘备显然比韩信更有本事。

在三国鼎立之前，曹操早就对刘备的才干非常忌妒。

有一次，刘备与曹操一起吃饭的时候，刚好天上打雷，刘备一惊，筷子竟落了地。曹操看刘备居然连打雷都没有办法镇静，于是开始看轻他。

如果不是因为这一招，也许刘备就没有机会与当时实力坚强的曹操势均力敌，鼎立天下。

韩信和刘备不逞一时的意气之勇，于是可以保全自己的身体与性命，所以才能在面对大挑战的时候，全力付出。因为他们看重自己，是要冒最伟大险的人。

西汉时期官运顺遂的韩安国，也有一套保全实力的方法。

有一次，匈奴方面突然派遣使者来汉朝谈和，武帝一时也不知怎么决定，于是，便召集文武百官共同商讨这件事。

对于主张立刻发兵征讨的意见，大家都缄默，不表态。唯独韩安国大力反对。

他说："匈奴现在仗恃兵力强大，才对外征讨，我们如果派兵千里围剿，不但很难成功，还会令人马疲惫，损耗实力，而匈奴呢？刚好以逸待劳。这就像射出去的箭，到最后没有力量的时候，连最薄的丝绸都没办法通过。这不是很危险吗?"

所以冒险也必须用智慧判断，在必要的时候才出手，这才是真正的冒险家。

关于这一点，足智多谋的诸葛亮可就吃了很大的亏。

据说他主政期间，每天工作量很大，可是，吃得却非常少，早就让敌方猜测这样下去不能长命。果然一代名相就是因为没有好好照顾身体，而无法完成统一大业。

群益证券自营部协理洪祥文就强调，保持最佳状况的重要性。

他经常保持体能的最佳状态，以情绪平和作为生活的原则。每天规律作息，晚上十点半就寝，每周上两次健身房，吃综合维他命丸、鸡精以强体魄。

他说，如果股票亏损，要如何面对老板责骂、小孩吵闹、家庭生计这么多压力呢? 这也是他最近考虑面试新人时要求跑完 3000 米的原因。

我想，关于这一点，连我都要好好地自我检讨一番。

冒险者的永恒信念

　　射出去的箭，到最后没有力量的时候，连最薄的丝绸都没办法通过。这不是很危险吗？

永不放弃

最近在报纸上看到"九·二一"震灾受难家属写道:"当灾民只能当三天,之后要学会站起来。"看到这样的话,既是觉得心痛,又不得不承认。的确,人是孤独的,特别是在痛苦、失意还有向未知挑战的时候。

加拿大运动员瑞克·汉森在 15 岁那年因车祸导致下半身麻痹,但是他拒绝屈服。他一路咬紧牙关接受复健,进入大学,在轮椅运动赛中屡屡获胜,然后以一场 24901.55 英里的国际之旅募集到数百万美元,也提升了世界各地对于残障人士的注意和展望。

对他来说,"当希望死去,恐怖的事就会发生在残障者头上。你在脑海中想着自己什么也做不了……我必须明白自己以前做的事情,并没有什么是我不能继续做的,只是会有些不同。我唯一要做的就是适应。"

发明剔除棉花种子轧棉机的美国科学家惠特涅，即使在费尽心思发明了新的机器之后，也没有因此获利，因为缺乏专利权的保障，使得他的发明随便被盗用。

当惠特涅的伙伴们心焦如焚地为了保障发明，不断地诉讼时，还好，聪明的惠特涅毅然决然地脱离这种没有什么希望的法律缠讼。因为他活跃的脑筋又开始对新的冒险发生兴趣。

这次，惠特涅发明的是制造枪械的铣床。因为这次他先跟政府签约，所以不再遇到商业恶性竞争的困扰，能够顺利地发明出完美的机器。

据说前 GE 公司的总裁韦尔奇是个非常坚强的人。在他手上，这家老公司始终具有强大的竞争力。可是，总有人批评他的裁员手段过于残忍。

但无论韦尔奇遭受怎样的批评与争议，他脑海中永远有一幅清晰的企业蓝图：让 GE 成为全球最具竞争力的企业。

因为他不放弃这个理想的蓝图，所以，始终能够掌握住方向，得到他所想要的结果。

对于冒险者来说，既平常且残酷的，即是批评和阻碍。可是，冒险者偏偏就是能够从这样的挫折当中挣扎出自己的理想。

美国著名的女诗人艾米莉，在生前并没有人青睐她所写的诗，她的家人、朋友，甚至被她视为知音的编辑，都不了解她对于写诗的狂势与才华。

一度，她也怀疑起自己写的诗究竟有没有价值，可是，就算平常生活再忙碌，她都不忘记记下自己对于大自然的感动，还有对于诗的爱好。

在她过世之后，她的诗作遗稿经过整理后，她对于艺术的贡献和成就才真正获得肯定。

当我们手捧着精致的艾米莉诗集时，怎能不对这样美丽的诗句背后，孤独而坚强冒险的身影而感动不已呢？

就连音乐家柏辽兹想学习音乐，都受到家人极大的阻碍。他的父母为了要他回心转意，不惜断绝金钱的资助，使得他为了要完成理想，还要负担起自己的经济。

更悲惨的，应该要算日本佛教主要流派之一，日莲宗的开山始祖日莲了。据说他一生都在为了反宗教迫害而努力。

他一生中一直四处游历，传播自创的教义，告诫世人，若不信奉日莲宗，就会入地狱，结果常遭辱骂，甚至被人丢掷石头。结果，日莲激进的教义触怒幕府，还被判死刑。

据说刽子手正要行刑的当儿，突然打起雷来，刑刀当场被雷劈断。日莲虽然因此免于一死，却被放逐到佐渡岛，关在原是收容死囚的小屋里。

在岛上，他仍坚守信仰，不忘传道。日莲预言：幕府若不信奉日莲宗，国家将会遭受外来的侵略。果然不久之后，蒙古入侵日本。

日莲的预言成真，崇拜他的人立刻大增，日莲宗也因此发展起来。

不晓得传说故事真实性如何，但是，我想，如果老天有眼，应该不会让信仰这么坚定的日莲白白地受苦，一定会让他梦想成真。

当然，看看日莲，也想想自己，是不是有勇气面对这些纷至沓来的阻碍和挫折呢？

冒险者的永恒信念

　　当希望死去，恐怖的事就会发生在残障者头上……并没有什么是我不能继续做的，只是会有些不同。

CHAPTER 5
冒险者的智慧

不服输

别人可以，为什么我不行？

如果有人对你说："哎呀，算了啦！你不行！"

那么，你会做何感想？

不会吧！你说："我想你说得对，的确是这样没错。"那我才真的被你打败了呢！

别说什么了，连不良少年都会因为别人看不起他，而气得想要打人，为什么你这么心平气和？

老实说，我觉得你这样不是好事哦！因为我知道有很多冒险家，若不是因为那一口气咽不下去，不愿意服输，被别人看扁，可能还真的不会想要做出一番成就呢！

所以，不管怎么样，也不能先被别人看扁或是否定自己。应该反驳对方的看法："谁说的，有种给我站出来。"然后，做给他们看看哦！

目前由黄明和医师所建立的秀传医疗体系，结合台湾各地的中型医院形成联合采购网，规模已经超过长庚医疗体系。他不但仍在看病，还因为担任"立法委员"，常常要往返台北彰化两地。

这位外科医师出身的经营者，为什么能创造这么不同凡响的成就呢？

谁叫他先天上就有一些足以让人家看不起的条件呢？

因为当时的台大医学院，像黄明和这种没背景，又是从中部来的学生，多少会被人瞧不起。对自己要求颇高的黄明和，只好比其他人加倍用功。这一拼命下来，让他在台大医学院7年的求学期间，动了两次胃出血的手术。

"那时候老师建议我，还是不要留在台北的好。他说以我这样的情形，是没有办法承受在台大医院如此强烈的竞争压力。"于是，黄明和回到当时的彰化省立医院当外科医师。

可是，对好胜心强的黄明和来说，无法和其他同学一样留在台北，无疑是对他能力的一种质疑，也是一次沉重的挫败，他暗自许下心愿："有一天我一定要成为一个好医师。"他将这一口气形容成"极度自卑升华而成的骄傲"。

所以，从小小 30 床的"黄明和外科医院"开始，黄明和来者不拒。"只要是送来给我医的病人，我无论如何都要把他们治好。"黄明和硬着头皮帮这些病患者开刀，甚至包括了自己不擅长的脑、脊髓手术。就这样做到现在 2500 床的秀传医疗体系。

神盾系统语音化的幕后推手——美商英泰公司总裁曹平霞，一名单身东方女子当年如何在美国软件界立足？

她一句从"别人可以，为什么我不行"开始，一步步拓展她的事业版图。回想起那段公司草创的时期，她激动地表示："我就是凭着一股气，怎么样都要把公司办起来！"

那时，就连银行都不肯把钱贷给这个单身的东方女子。她只好拿房子去抵押，并向她的二姐借钱，一共凑到了 8 万美元，才勉强将公司成立起来。

汉代名医淳于意，有一次不小心惹怒皇上，结果被处以割鼻子的酷刑。

他的内心烦恼不已，当他回家，女儿们关心地问起时，他只是没好气地说："生你们这些女儿一点用都没有，根本没办法帮上什么忙。"

就因为父亲这样说，让女儿缇萦既不服气，又为父亲心急。于是，她主动要求上京，为父亲说情。

她说："如果为了处罚犯了过错的人，而让他们变成残废，那么，就算他们改过自新，也没有办法挽回这个遗憾。"

因为缇萦冒险的勇气，不但让父亲的刑罚减轻，甚至改变了往后的刑罚制度呢！

我想，那些瞧不起我们的人，不一定是坏人，也许是想用激将法，让懒惰的我们，气得跳起来，拼了命也要冒险做出一点事情给他们看。好啦，诡计得逞了。也许冒险家多少都有点冲动的特质吧！

冒险者的永恒信念

　　瞧不起我们的人不一定是坏人，也许是想用激将法，让懒惰的我们冒险做出一点事情给他们看。

天生反骨

　　如果一个人，没有和他的同伴保持同样的步调，那可能是因为，他听到了不同的鼓声。

　　在报纸上看到参加国际电脑程式设计得奖的大学生，居然在高中的时候电脑课不及格，所以他的父母一直不知道，这个孩子在电脑领域有特殊的天分。

　　其实，这也没有什么好奇怪的。因为天才与白痴经常会创造出一样的结果，他们都是不按牌理出牌的人。只不过天才能意识到自己为什么要这样冒险罢了，但是，总是冒险比按部就班多了一点失败的风险，所以创造出特别差的结果也没有什么好意外的。

　　雅虎的创立者杨致远说，他当时离开台湾，就是不愿接受大学联考，但是身为中国人，他仍有中国传统价值观念，要好好读书，因此他创业时，比微软总裁比尔·盖茨休学的时间晚得多了。

提起当年创业的情形，因为他已在斯坦福待了9年，够久了，碰到雅虎创业机会，毅然加入；当时他母亲不太了解，自己的儿子为什么为了做广告而放弃博士学位。

虽然如此，杨致远还是建议年轻学生，先把学位念完一个阶段后再创业，因为一个成功的雅虎背后，可能有一千、一万个不成功的案例，创业失败概率极高，创业者要能承受失败。

可是，若不是因为提早投入，冒险做出跟别人不一样的事情，怎么有机会成功呢？

跟学校格格不入，却创造出不凡成就的人可多着呢！所以，老实说，我常常对那些对学校适应不良的小孩寄望比较高呢！

只是，不按照别人尝试过千万遍，绝对不会出错的路子走的人，也不能随便乱走，总得依循着自己听到的"鼓声"，忠实地面对自己特殊的能力，找出自己的路子。

从以下的故事便可以知道，如果并不是个听话的乖孩子，也没有什么觉得不舒服的，因为冒险做自己，说不定成就更大。

达利和毕加索、米罗同为20世纪画坛上了不起的西班牙大画家。不论从绘画风格上还是从他日常怪异的行为上，或是狂傲的个性，都足以证明他是一个不寻常的人。

达利早年进入马德里的美术学校，他喜欢狂想和特异的表现，时常穿着奇怪的服装，又好发表言论，终因煽动同学反抗教授而被退学。

但他是很用功的学生，离开学校之后，反而能够随心所欲地走自己创作的路。于是后来他参加超现实主义团体，不受条理、传统艺术和道德左右的风格，正好跟他的个性相符。

达尔文从小就对动、植物特别有兴趣。他父亲是著名的医生，希望他可以当医生或从政，送他到剑桥大学读书，可是，他一心想研究自然。大学毕业，就随一艘叫作"猎犬号"的军舰到南美去，这给了他一个研究世界各地动、植物的机会，也是他写作《物种起源》的动机。

这本书提出的"进化论"，将生物种类的发展做了非常特殊的解释，不仅在生物学上是很大的开拓，甚至影响到社会科学领域。

罗素是20世纪英国最伟大的哲学家，他研究哲学时，除了冷静的头脑和卓越的逻辑技巧之外，最大的武器便是合理的怀疑。除非有充分的理由，否则不轻易相信任何事情。

他有一种特别的天赋，能在别人认为简单明了的事物中找出问题，而且往往是一针见血，使人不得不承认他的怀疑是对的。

在罗素 5 岁时，有人告诉他地球是圆的，他不相信，就在花园里挖洞，看看能不能通到澳洲。

又有一次，人家告诉他，睡觉的时候，会有天使在旁边看顾，他反驳说："可是我从来没有见过他们呀！"人家说，当你张开眼睛的时候，天使就飞走了。因此他决定故意把眼睛闭起来，让天使以为他睡着，然后突然睁开眼睛，并且用手去抓，结果什么也没看见，什么也没有抓到。

他留给世人很重要的两句话是："永远不要对任何事情有绝对的把握。""人类所有的知识都是不确定、不够精确，而且不完整的。"

这三个曾经令人头痛的人，是不是跟你认识的谁很像呀！千万不要打扰他们，因为他们正冒险用自己的方法，为我们发现一个全然不同的世界，那个用正常头脑看不见，却真正存在的世界。

冒险者的永恒信念

　　永远不要对任何事情有绝对的把握。人类所有的知识都是不确定、不够精确，而且不完整的。

找到挚爱，不想因放弃而后悔

　　任何创业者，如果找到个人的挚爱，不做就会后悔一辈子的话，那就去做，否则真的可能后悔。

　　有一个人上天堂后，跟上帝抱怨："为什么我这一生的命运这么差，既没有财富地位，也没有妻子儿女？"

　　上帝说："谁说你的命运差，这些我都给你了呀！只不过是你没有好好把握，让这些机会溜走罢了。"

　　上帝接着说："记不记得，有一次，你有个很好的点子，可是你觉得这没什么，想想就过去了。可是当我给另一个人这个点子时，他用这个点子去创业，结果，不但得到许多财富，还奠定了他的社会地位。"这个人张大嘴巴，惊讶得说不出话来。的确，他后来在报纸上看到关于这个人成功故事的报道，还捶胸顿足了好久。

上帝又说："还记不记得，有次你遇到一个让你非常心动的女孩子，这是你这辈子遇到的最好的女子。可是，你因为害怕被拒绝，所以，还是放弃跟她表白。这个人本来可以跟你结婚，生一堆可爱的小孩，可是，就是因为你没有把握这个机会，结果，造成你没有妻子儿女的下场。"

看完这个故事，你就懂得一些为什么要冒险？我想，只是因为如果不这样做就会后悔，如此而已。

发明小儿麻痹疫苗的乔纳斯·沙克，从高中开始一直计划要攻读法律。可是，上了大学之后，出于好奇，修了几门科学的课程，没想到他的兴趣居然因此被引发出来。虽然因为学业，他必须打工赚钱，可是这个问题并没有使他感到沮丧。

结果等他完成大学教育之后，他的野心是想做医学研究。

他的指导教授很直截了当地告诉他："做研究工作是没有什么金钱报酬的。"

他回答说："生命中有许多事情是超越金钱的。"

沙克为了自己的研究理想，而不管世俗的价值判断，所以才能发现疫苗，让许多人，包括你、我免于变成残废。

小提琴家詹晓昀从众多角逐者中脱颖而出，就任美国"大都会歌剧院"管弦乐团首席，也成为大都会乐团成立一百年来第一位华裔首席，创下一项纪录。

出生于美国的詹晓昀4岁开始学琴，是大同公司董事长林挺生的外孙，数理成绩相当优异，也展现出音乐天赋，14岁就拿到美国圣地亚哥交响乐团协奏曲比赛首奖。高中毕业时，詹晓昀的数理成绩是全校第一名，随即进入哈佛大学主修电脑，大三却舍弃了炙手可热的科系，投入他最热爱的音乐系，并投入朱丽亚音乐学院小提琴教母狄蕾门下。

你一定也有什么足以让人使用惊叹号的挚爱吧！可是，千万别让自己的恐惧和疑虑，成为不敢冒险的"滞碍"哦！要不然，到时候要跟上帝抱怨，也没话可说呢！

冒险者的永恒信念

千万别让自己的恐惧和疑虑，成为不敢冒险的"滞碍"哦！

不能停止冒险

> 人生之所以可爱，正在于它是一个跨越的过程与
完成。

"我要找一群向我 say no（说不）的人！"今年
45 岁的中国内地工程公司董事长殷琪坚定地说："而
且我要将内地工程与台橡公司的领导阶层年轻化到
36 岁！为什么是 36？因为我觉得我最好的状态是在
36 岁之时，所以我要让公司始终处于最好的状态。"

今年已经换过三位经理级主管的殷琪，对于公司
的进步幅度仍然不满意，不断地挑战原本的状态。只
因为她相信："没有夕阳产业，只有夕阳公司，而我
们绝不是夕阳公司！"

她甚至大胆地说，也许下一步是要换掉自己。她
亦是一个不断向自我超越的人。

因为站在领导地位的人，要始终领先，从来不敢

停。正如尼采所说："达到自己理想境界的人，依然会试图更上一层楼。"

不过，谁知道冒险转个弯会不会真有效果呢？

可是，既然问题已经浮现在眼前，不管付出多大的代价，都应该鼓起勇气，冒险改变现状，才有机会扭转未来吧！

1996年裕隆汽车厂实行厂办合一之前，这家公司已经如同一个体形肥胖（冗员过多）、反应迟钝（客户、经销体系与协力厂间意见难以迅速传递）、又患有狂妄自大症的老人，沉湎于过去的光荣。

过去，经销体系、各生产车间几乎是各自为政，从新店厂送个东西到三义厂，最少要花两三小时，工厂感受不到经销体系的压力。

但厂办合一后，从行政大楼出去，到各厂区顶多几分钟。集体式的"军营生活"拉近了所有人的距离，让决策步调更紧凑，一有问题，严凯泰马上就能召开相关干部会，往往不到十分钟就能解决，裕隆上下成为生命共同体，沟通与决策更有效率。

为了厂办合一，裕隆共支付了高达7.5亿元的资遣费及退休金，但后来裕隆每年节省超过2亿元的薪资成本。厂办合一改造了裕隆的企业文化，也奠定裕隆转亏为盈、创造企业财富的基础。

四年前，当副董事长严凯泰带着裕隆汽车员工到三义背水一战时，他大概没想到，一战成名之后，带给他个人和裕隆汽车的实质及精神回报。而这也是冒险的成果呀！

扶不起的阿斗刘禅的先祖刘邦，多少也有点随遇而安的个性。当他与项羽定下鸿沟为界之后，刘邦也觉得安心，准备带兵撤回西边。

可是，还好周围的军师极力劝他，趁这个机会消灭项羽，不然，也许刘邦不会有机会取得天下。

因为聪明的人都知道，让敌人休养生息，等于"养虎为患"，这个险可是一点也冒不得。最重要的，当然是不能以现状为满足，因为那可能不待别人攻打，自己就要毁灭。

中国历史上有名的宰相管仲甚至还认为，一个国家不能长久在安定之中过日子，因为这就像喝毒酒一样终究会自取灭亡。这也是成语"宴安鸩毒"的由来。

尼采用史诗般神圣且充满勇气的句子形容人生："人生是一条高悬于深渊的绳索。要从一端越过另一端是危险的，行走于其间是危险的，回顾观望是危险的，战栗与踌躇不前都是危险的。人生之所以伟大，正在于它是一座桥梁而非终点！人生之所以可爱，正在于它是一个跨越的过程与完成。"

就让我们朝着人生的冒险之路大胆前进吧！

冒险者的永恒信念

我要找一群向我 say no（说不）的人！

冒险投入才有收获

> 我们活着，不是为了好好地保护自己，而是为了不停地完成我们的人生事业。

《哈利·波特》已破天荒创下全球行销 5000 万本（1~4 册）的销售纪录。单是第四册，销售量即达 3500 万本。这本书的作者罗琳本来靠政府救济金度日，却因为《哈利·波特》而一夕成名。

据外电报道，她已经成为全英国去年年收入最高的女性，收入总额高达两千多万英镑。

当所有的人羡慕罗琳之际，对她来说，开始的时候，不过是她坐在咖啡馆里，摊开稿纸，把自己心中那个每个妈妈都会有的、想要说给孩子听的故事，一个字一个字写下来罢了。

如果她只是说说，或是想想，没有冒险行动，即使在经济贫困的状况下，仍给自己这样的时间将故事写下来，投稿给从来没有人认识她的出版界，她怎么也不可能成为富婆。

这是当然的道理吧！如果你想要获得些什么，首先必须先付出。上帝不会给那些什么事也不做的人任何好处。

近代古典吉他之父塞哥维亚从小就对吉他这个乐器情有独钟。

偏偏就是有一些所谓的"严肃"音乐家取笑塞哥维亚，因为他们认为吉他是一种无法登大雅之堂的乐器，而且，吉他也不能演奏所谓的"古典乐曲"，最多只能用来休闲、娱乐而已。再说，吉他还有天生的缺陷，就是音量不够大，没有办法在音乐厅演奏。

可是，塞哥维亚凭着对吉他的热爱，一步一步冒险解决吉他在演奏上所遇到的难题，从谱写曲子到改进乐器本身的构造，终于使愈来愈多的人能够感受到吉他音色的美妙与高雅。

因为塞哥维亚的吉他冒险之旅，为这个世界采撷了另一种丰富美妙的吉他乐音，增添了人类音乐艺术的丰富宝藏。

开创精神分析史的弗洛伊德，是人类有史以来第一位正视心灵问题的人物。

在弗洛伊德之前，人们只知道有神经科医生，却不知道有些心理上的微妙症状其实跟心灵受创有关。弗洛伊德仔细地倾听，并且不放过任何被视为禁忌、神话或是不小心说漏嘴的话，从这些细节的发掘与思索中，得出了他的精神分析理论，开创了精神科医学的一番新天地。

《圣经》里有一则寓言：主人要出国去，便召来仆人，并将家业"依个人才干"分配银子给他们，一个人五千，一个人两千，一个人一千。

领五千的仆人随即拿钱去做买卖，另外赚了五千；领两千的仆人，也照样赚了两千；领一千元的仆人则把银子埋藏在地里。

过些时日，主人回来和他们算账。领五千、两千的仆人，因为为主人增加了财富，受到主人的款待又加派任务。

那领一千的仆人则遭主人责骂："你这又恶又懒的仆人！就是把银子放给兑换银两的人，亦可连本带利收回。"主子便把一千元夺回，给了那有一万元的仆人。

正如费德所说："成功乃勇敢之子。"只要勇敢冒险，便可以有不同的人生收获，即使只是有"一千元"才干的人，都能够连本带利收回呢，为何不开始行动呢？

如果你想要获得些什么，首先必须付出。上帝不会给那些什么事也不做的人任何好处。

冒险者的永恒信念

如果你想要获得些什么，首先必须先付出。上帝不会给那些什么事也不做的人任何好处。

别想太复杂，就是行动

放手一搏吧！

"……现在我明白有理由、有决心、有力量、有方法，可以动手去做我所要做的事，可是我还是在大言不惭地说：'这件事需要做。'却始终不会在行动上表现出来。我不知道这是因为得了健忘症，还是因为三分怯懦、一分智慧的过于审慎的顾虑？"

这样的心情是不是非常熟悉，好像也常常在你我心中响起。这是莎士比亚为哈姆雷特所写的台词。

也许你会想，既然害怕，毕竟也已经尽力想过了，没办法就是没办法，也不能勉强自己。

可是，莎士比亚接着说："重重顾虑使我们全变成了懦夫，决心的赤热光彩，被审慎的思维盖上了一层灰色，伟大的事业在这一考虑之下，也会逆流而退，失去了行动的意义。"

简单地说，想太多，不敢冒险，你就失去了一切你想要的。这样不够可怕吗？

清朝画家高其佩可说是画史上的传奇人物，因为他最著名的画不是用笔画的，而是用手指蘸墨画出来的"指画"。

谁会想到可以这样做呢？话说高其佩从8岁开始学画，遇见好的作品就临摹，可是画了十几年，还是没有办法形成自己的风格。

难道他学过的画风还不够多吗？这真是让他苦恼不已。

有一天高其佩梦见一个老人带他去一间土屋。这间房四壁都是好画，他不禁想要赶快把它们临摹下来。

可是室内除了画，什么都没有，后来他发现角落有一盆水，于是灵机一动用手指蘸水，一幅一幅地临，不知不觉领悟了许多画法。

可是等到高其佩梦醒之后，在自己的画室中摊开纸笔，怎么画就是没有办法达到梦中的境界。后来他索性改用手指，果然找到了他追求的妙趣。

以后他常用手指作画，很少用笔。直到晚年，画了五六万幅。事实上，历史上继续他的指画技术的画家可说是少之又少，可是，高其佩的作品品质之高，仍然令人佩服不已。

可是，如果他不是那么好学，愿意采取行动，广纳许多技法，甚至是从来没有人用过的指画，也许他是不可能创造出后来的成就。

卡罗素喜欢帮助别人，求助的人几乎都是他不认识的。他太太有一次责备他不该这样大方施舍："这些人绝对不是个个都值得你帮助。"他也同意："当然不是，不过请你告诉我，怎么决定谁值得谁不值得呢?"

八掌溪事件，四名工人孤立在大水中等待救援，时间一分一秒过去，眼看着天色渐暗，却不见政府采取救援行动。

站在一旁的张永成顾不得水流湍急，绑着绳子就下水救人，事隔三日，他仍懊恼地说，眼看只有五米就可以拉到工人了，但因为自己一时没站稳，在水中翻滚，结果，四名工人就在他眼前，被水冲走了。

张永成并非救难队员，也不认识这四名工人。从小在八掌溪附近长大的他，眼看工人苦等多时，体力已不支，主动下水救人，大家还以为他是救难队员。

当天绑着绳子的身体，因被大水冲击，伤痕累累，对于自己未能救到人，他感到很遗憾。

曾经有一个消防队长说，他们其实没有那么伟大，都是平常人。只不过在遇到危机时，习惯没有犹豫，就是行动救人，如此而已。

托尔斯泰说："冒险的要领是不要想太多。如果连想都没想，那也不是什么大不了的事。人类就是因为什么都想过，才会什么都小题大做。"席勒也说："过于小心的人难成大事。"

成功地创办具有社会运动色彩网络的《南方电子报》的陈丰伟，当初创办时不过是个在资讯不及台北的高雄念书的医学院学生，他说："因为不知道有'破报'，所以才有《南方电子报》。"

身为科技外商首位的女董事长，何薇玲认为自己成功的原因跟个性有关，因为她不会等到百分之百确定没有风险，才去做一件事。

如果你的个性像子路一样冲动莽撞，行动力超强，那么，的确，我也像孔子一样，认为你可以先问一下父兄的意见再去行动，但是如果你不是，那么，这篇文章正是要送给你的。

冒险者的永恒信念

　　有一个消防队长说，他们都是平常人。只不过在遇到危机时，习惯没有犹豫，就是行动救人，如此而已。